Der Weltraum

Mein buntes Kinderwissen ab 5 Jahren

Von Opa 2012
für Sina/2014

Schwager & Steinlein

Inhalt

Sonnensystem: Die inneren Planeten 3

Sonnensystem: Die äußeren Planeten 39

Sterne und Sternsysteme 55

Astronomie 73

Raumfahrt 87

Stichwortverzeichnis 126

Sonnensystem: Die inneren Planeten

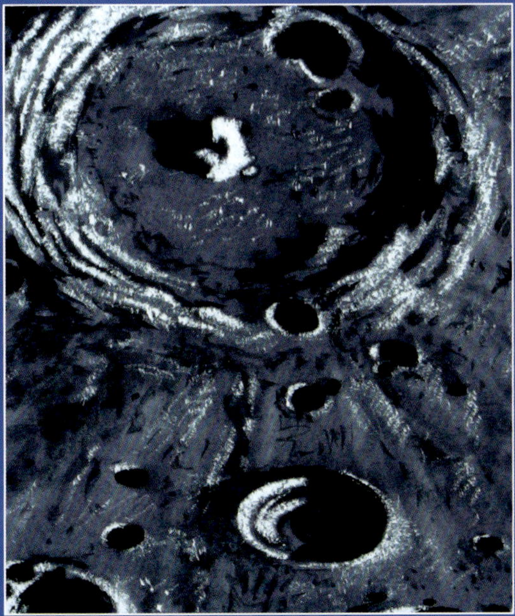

Der Himmel über uns

Wenn wir nachts in den Himmel blicken, sehen wir einen Teil des Weltalls. Dazu gehören alle Sterne, die Erde, die Milchstraße und andere Galaxien.

Die Sterne über uns sehen so aus, als wären sie alle gleich weit entfernt: Doch in Wirklichkeit stehen sie oft sehr weit auseinander. In klaren Nächten sieht man mit bloßem Auge bis zu 4000 Sterne.

Nikolaus Kopernikus entdeckte vor 500 Jahren, dass die Erde und die Planeten um die Sonne kreisen.

Wenn man ein Foto der Sterne lange belichtet, werden die Sterne wegen der Erddrehung zu Strichen.

Die Lufthülle der Erde ist nicht ganz durchsichtig. Oft stört sie das Sternenlicht. Dann blinken die Sterne.

Die Fixsterne stehen immer an derselben Stelle. Die Planeten ziehen jeden Tag ein Stück weiter.

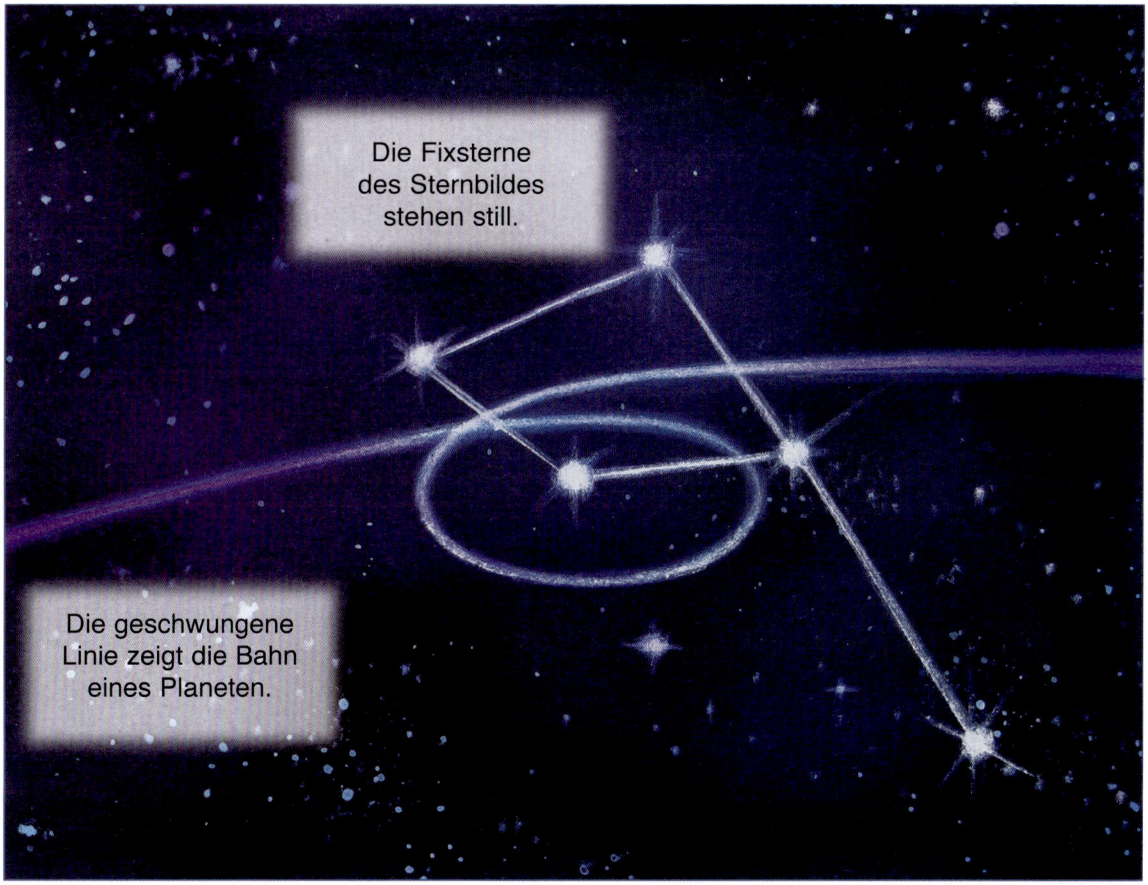

Das Sonnensystem

Unsere Sonne ist ein heißer leuchtender Stern. Zum Sonnensystem gehören auch die Planeten, Zwergplaneten, Kleinplaneten und Kometen.

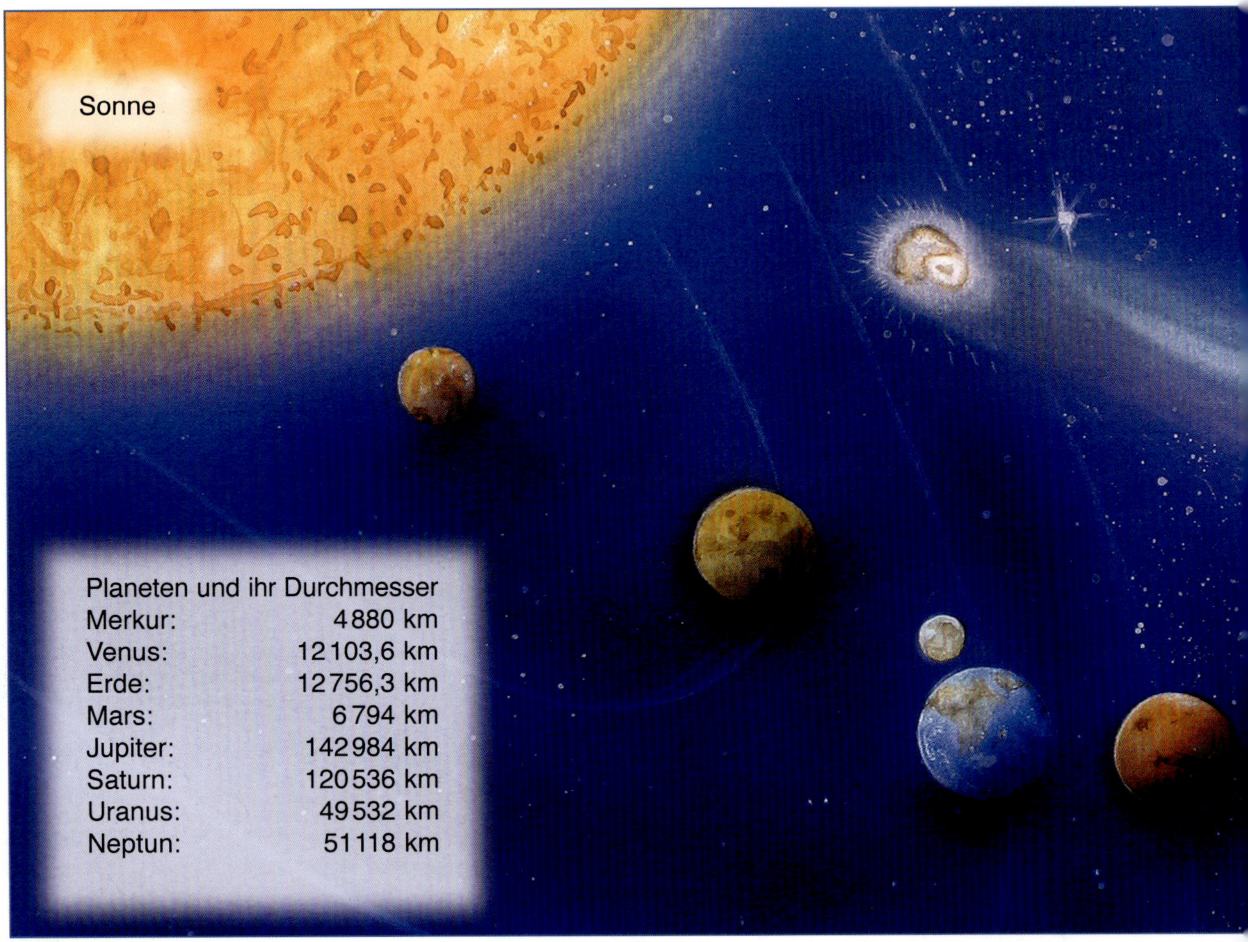

Planeten und ihr Durchmesser

Merkur:	4880 km
Venus:	12103,6 km
Erde:	12756,3 km
Mars:	6794 km
Jupiter:	142984 km
Saturn:	120536 km
Uranus:	49532 km
Neptun:	51118 km

Die acht Planeten heißen Merkur, Venus, Erde, Mars, Jupiter, Saturn, Uranus und Neptun. In Wirklichkeit sind die Entfernungen der Planeten untereinander und zur Sonne viel größer als im Bild dargestellt.

Der Merkur fliegt in einem Abstand von rund 60 Millionen Kilometern um die Sonne. Der Neptun ist 80-mal weiter von der Sonne entfernt.

Auch Kometen haben regelmäßige Bahnen. Ihr fester Kern misst nur wenige Kilometer, ihr Gasschweif kann aber Millionen Kilometer lang sein.

Die Kleinplaneten heißen auch Asteroiden oder Planetoiden. Sie bewegen sich wie die Planeten auf Umlaufbahnen um die Sonne. Der größte unter ihnen heißt Pallas und hat einen Durchmesser von rund 520 Kilometern.

Bis jetzt kennt man etwa 331 000 Asteroiden. Viele sind nicht rund wie eine Kugel, sondern unregelmäßig geformt, etwa wie eine Kartoffel.

Die Sonne

Unsere Sonne ist ein Stern. Im Inneren finden Kernverschmelzungen statt. Dadurch entstehen Licht und Wärme, die ins Weltall gelangen.

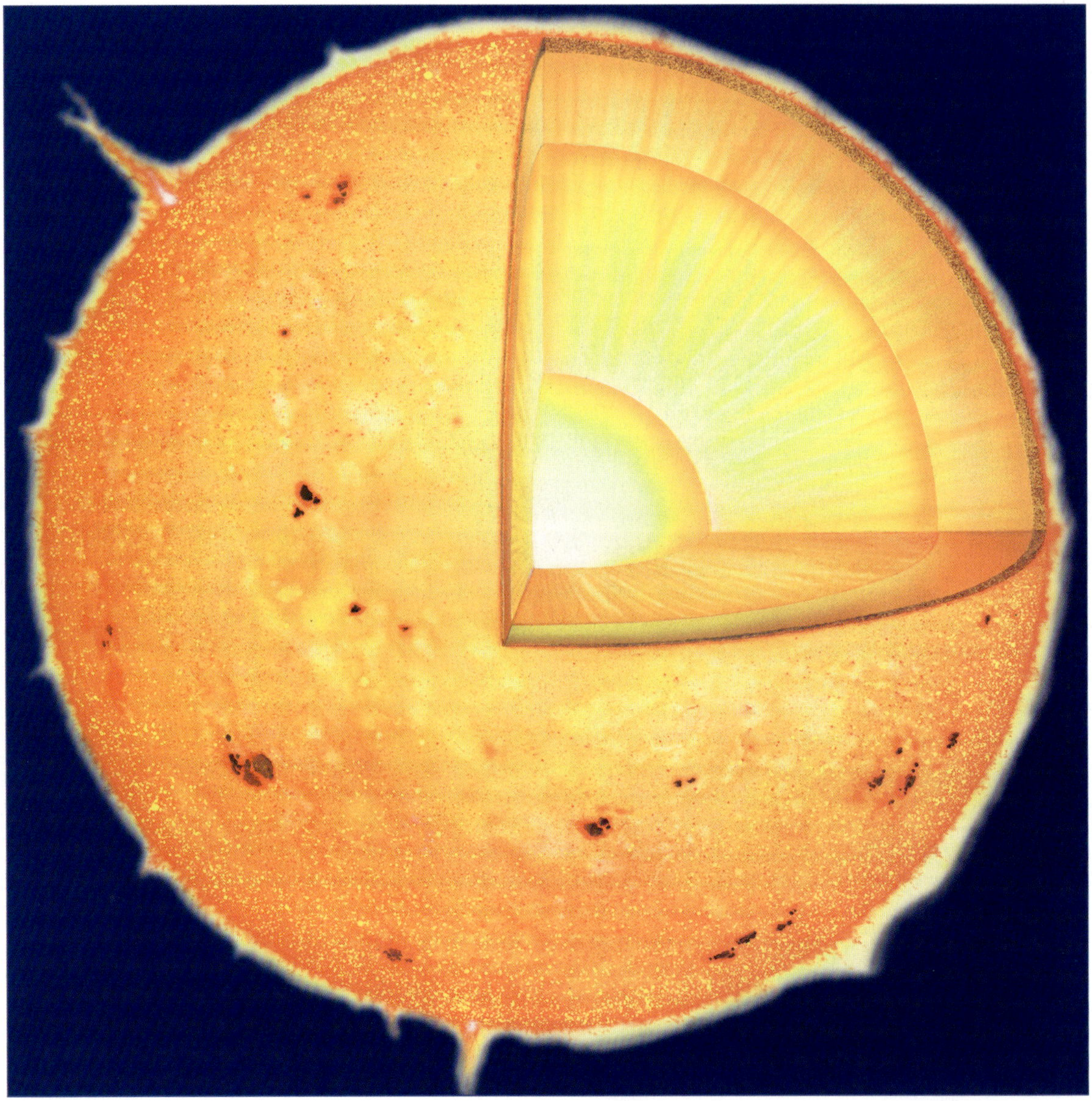

Die Sonne ist im Kern rund 15 Millionen Grad heiß. An ihrer Oberfläche herrschen noch 5500 Grad. Die Protuberanzen sind riesige Gasfackeln, die die ganze Erde in einem einzigen Augenblick einäschern könnten.

Wenn der Mond vor der Sonne vorbeizieht, verdeckt er sie ganz oder teilweise. So entsteht eine Sonnenfinsternis.

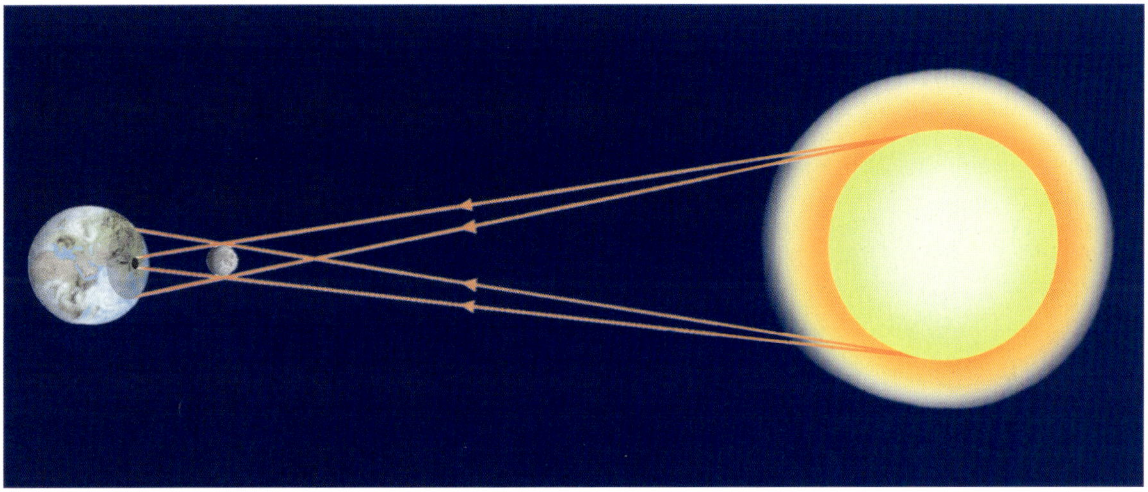

Die Sonnenfinsternis von 1999 beobachteten Millionen von Menschen. Sie benutzten Spezialbrillen. Man darf nie ungeschützt oder nur durch rauchgeschwärzte Gläser in die Sonne blicken, da man erblinden könnte.

Eine Sonnenfinsternis dauert keine drei Stunden. Bis zur völligen Verfinsterung vergehen rund 80 Minuten. Drei Minuten lang ist die Sonne ganz verdunkelt. Dann zeigt sich wieder eine Sonnensichel, und es wird heller.

Kein Leben ohne Sonne

Die Sonne ist ein heißer Stern. Sie liefert uns alles Licht und alle Wärme, die wir brauchen. Ohne Sonne gäbe es kein Leben auf der Erde.

Die Sonne spendet der Erde Energie in Form von Strahlen, die wir als Licht und Wärme kennen.

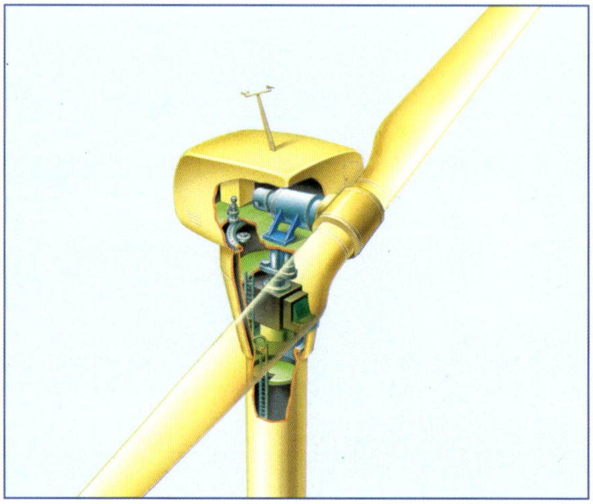

Auch die Winde entstehen durch Sonnenstrahlen. Wir nutzen die Winde und erzeugen daraus Strom.

Durch die Winde entstehen auch die Wellen auf dem Wasser. Obwohl die Wellen auf dem Meer oft sehr mächtig sind und sehr viel Energie enthalten, kann aus ihnen noch kein Strom gewonnen werden.

Die grünen Pflanzen stellen mithilfe von Licht aus Wasser und dem Gas Kohlendioxid Zucker und Stärke her.

Ziegen fressen Pflanzen. Sie sind wie alle Tiere auf Pflanzen und damit auf Sonnenstrahlen angewiesen.

Solarzellen verwandeln Sonnenlicht direkt in elektrischen Strom, den man im Haushalt brauchen kann.

Sonnenkollektoren erhitzen durch die Wärmestrahlen der Sonne das Wasser, das wir brauchen.

Die Tierkreiszeichen

Die Sonne mit den Planeten wandert im Lauf eines Jahres scheinbar durch zwölf Sternbilder. Man nennt diese Sternbilder Tierkreiszeichen.

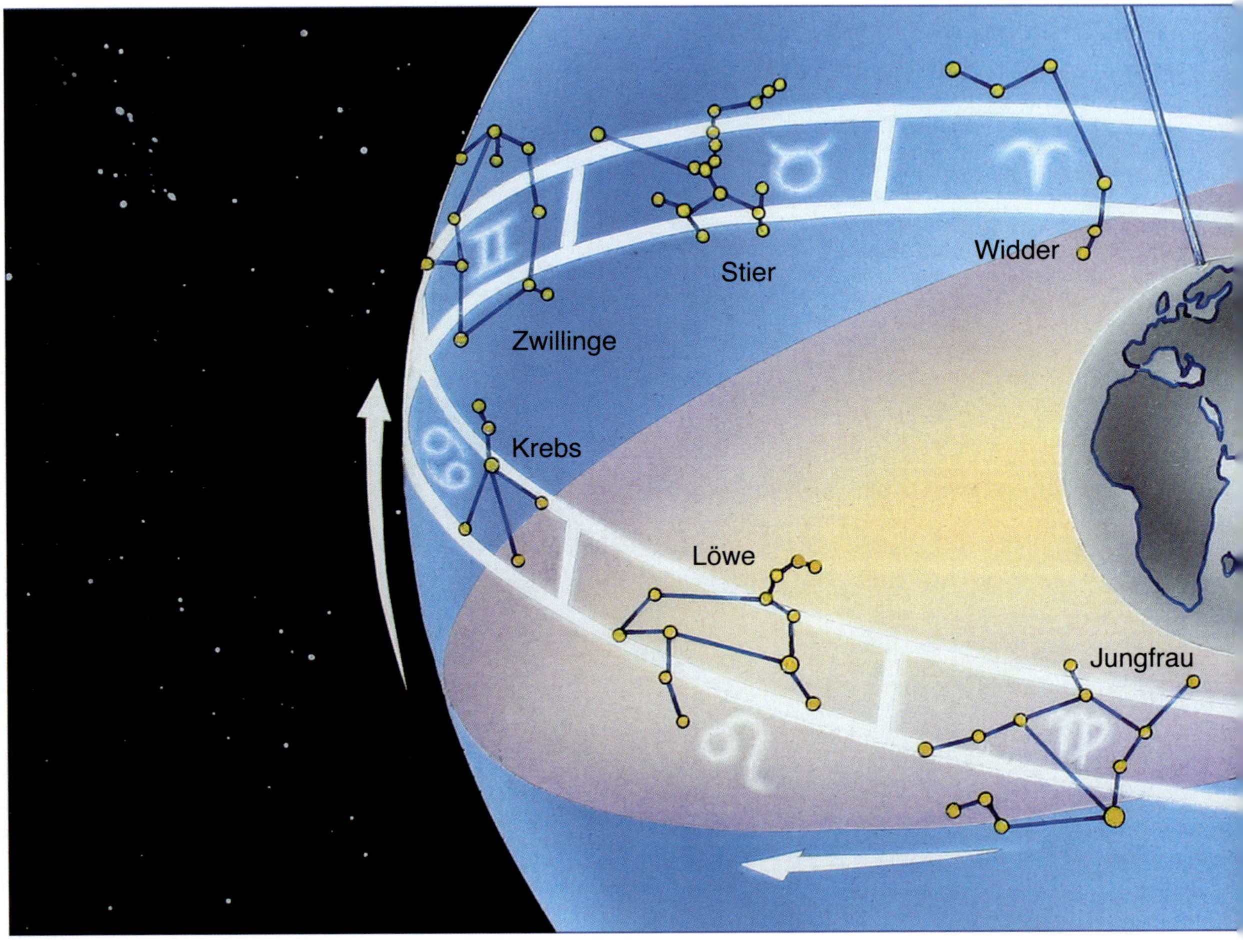

Jeder Mensch wird in einem dieser Tierkreiszeichen geboren. Die Astrologen glauben nun, dass sie dessen Eigenschaften und Zukunft bestimmen. Andere Menschen halten das für Aberglauben.

Die zwölf Tierkreiszeichen heißen bei uns Steinbock, Wassermann, Fische, Widder, Stier, Zwillinge, Krebs, Löwe, Jungfrau, Waage, Skorpion und Schütze.

Astrologen berechnen die Stellung der Planeten zur Geburtstunde eines Menschen und stellen danach sein Horoskop.

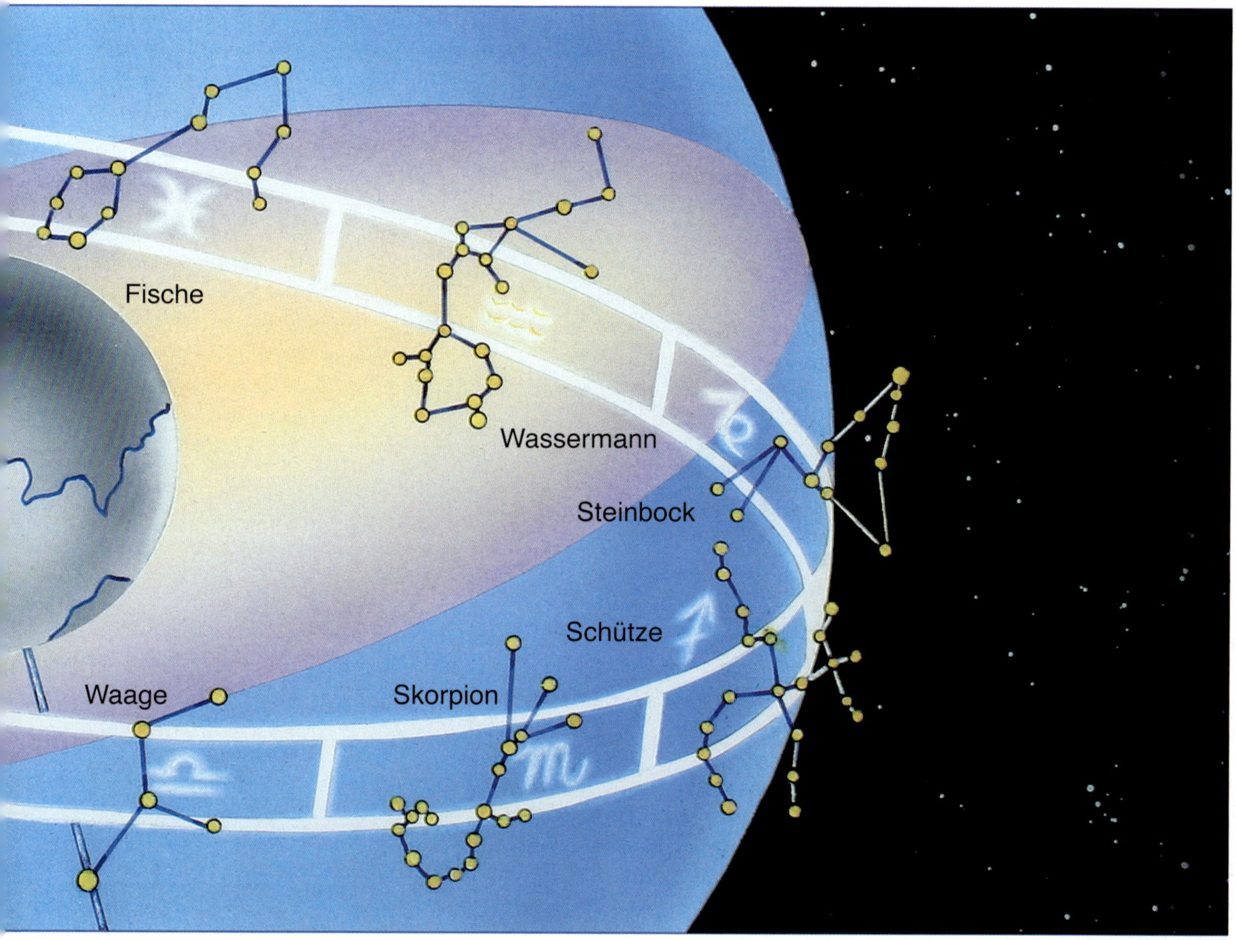

Die Tierkreiszeichen dauern jeweils von etwa dem 20. Tag eines Monats bis zum 20. Tag des nächsten Monats. Waage ist zum Beispiel jemand, der im Schnitt zwischen dem 23. September und 22. Oktober geboren ist.

Die Chinesen haben ganz andere Namen für die Sternbilder als wir. Sie glauben, dass das Jahr der Geburt wichtig ist für das künftige Schicksal, nicht der genaue Zeitpunkt in einem Monat.

Die Sonne als Gottheit

Viele Völker ahnten, dass nur die Sonne mit ihrer Wärme und ihrem Licht das Leben auf der Erde ermöglicht, und verehrten sie als Gottheit.

Archäologen haben uralte Sonnenscheiben ausgegraben. Manche wurden von Pferden gezogen.

Die Griechen verehrten den Sonnengott Helios. Er zog mit einem Wagen jeden Tag über den Himmel.

Die Azteken in Mittelamerika fürchteten, dass die Sonne eines Tages wegbleiben würde. Sie versuchten dieses Unglück abzuwenden, indem sie auf ihren Pyramiden Menschen opferten, um den Sonnengott zu besänftigen.

Wenn sich die Sonne bei einer Finsternis verdunkelte, war dies für alle Völker ein Vorzeichen des Unglücks. Heute kann man eine Finsternis erklären.

Bei den alten Ägyptern trug der Gott Horus auf seinem Falkengesicht eine Sonnenscheibe.

Wie ein Gott ließ sich der französische König Ludwig XIV. feiern. Er trat sogar als Sonne verkleidet auf.

Die alten Inder verehrten die Sonne als schönen jungen Mann mit Lotosblüten und zwei Frauen.

Merkur

Der Merkur steht unter allen Planeten der Sonne am nächsten. Gleichzeitig ist er der kleinste Planet des Sonnensystems.

Der Merkur ist von der Erde aus nur schwer zu beobachten. Man sieht ihn entweder am Abendhimmel kurz nach Sonnenuntergang oder am Morgenhimmel vor der Dämmerung – aber stets nur für kurze Zeit.

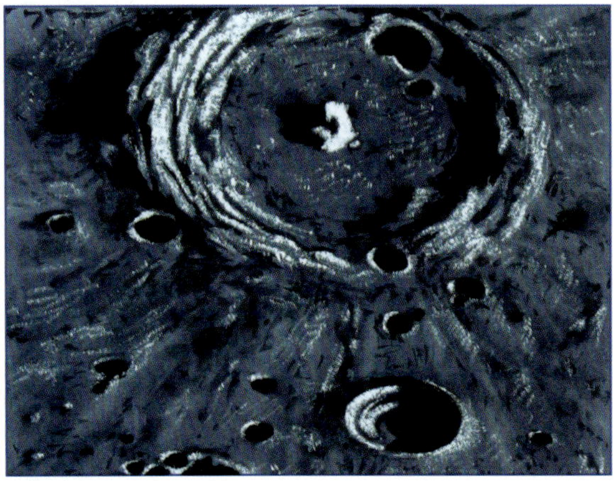

Das Calorisbecken ist mit 1 300 Kilometern Durchmesser der größte Einschlagkrater auf dem Merkur.

Die Sonne geht auf Merkur anders auf als auf der Erde. Manchmal ist sie 90 Tage lang zu sehen.

Namengeber des Planeten war der römische Gott Merkur, der Götterbote und Beschützer des Handels.

Die Sonde Messenger umkreist seit 2004 den Merkur und sendet ihre Daten zurück auf die Erde.

Venus

Die Venus steht der Sonne näher als die Erde, ist aber fast genau so groß wie sie. Ein Tag auf der Venus dauert 243 Erdentage!

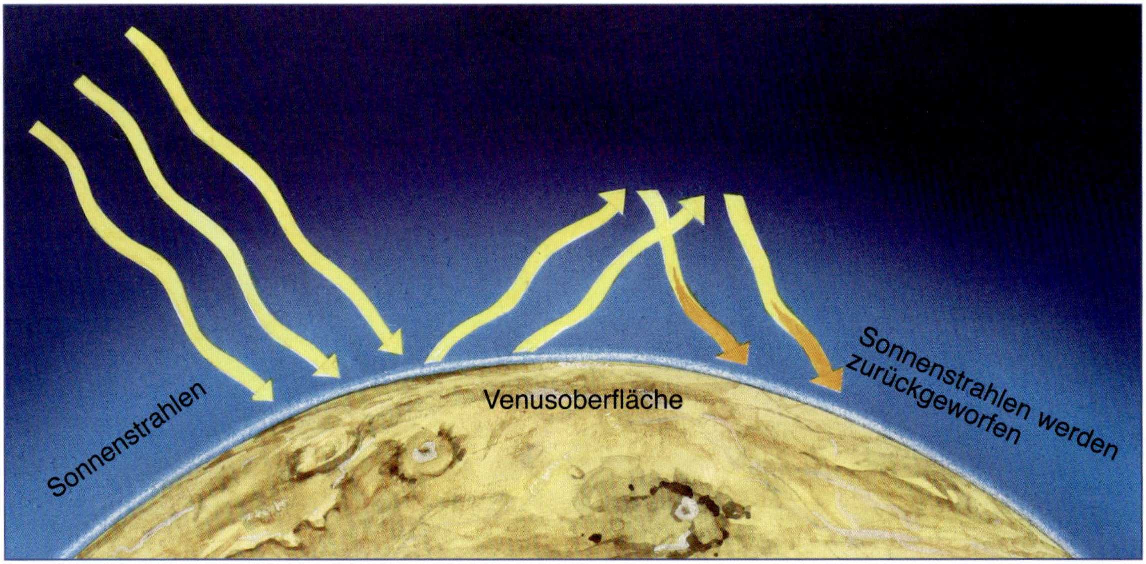

Die Venus hat eine Gashülle aus Kohlendioxid und schwefliger Säure. Das Kohlendioxid hält die Wärme der nahe stehenden Sonne fest. Das nennt man Treibhauseffekt. Daher herrschen auf Venus bis zu 480 Grad Celsius.

Die Venus sieht man vor Sonnenaufgang als Morgenstern oder nach Sonnenuntergang als Abendstern.

Auf der Venus gibt es bis zu elf Kilometer hohe Berge und Vulkane, die denen auf der Erde ähnlich sehen.

Venus nannten die Römer die Göttin der Liebe. Die Zustände auf dem Planeten sind aber gar nicht lieblich.

Die Oberfläche der Venus liegt unter dichten Wolken. Ein Bild wie das unten gewinnt man nur mit Radar.

Erde

Unsere Erde bewegt sich zwischen den Bahnen der Venus und des Mars. Die Erde ist rund 150 Millionen Kilometer von der Sonne entfernt.

Vom Weltall aus betrachtet erscheint unsere Erde blau, denn zwei Drittel der Erdoberfläche sind vom Wasser der Ozeane bedeckt. Die Erde ist der einzige Planet unseres Sonnensystems, auf dem sich Leben entwickelt hat.

Das Seidenpapier, in das man Orangen einwickelt, ist im Verhältnis zur Frucht viel dicker als der Boden, auf dem wir stehen, im Vergleich zur Erde.

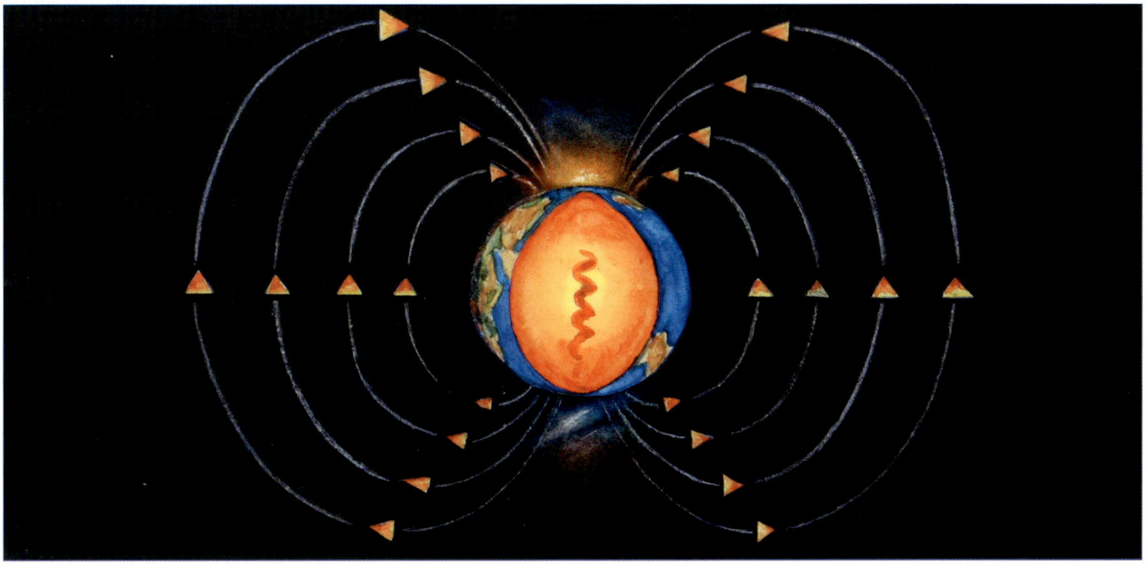

Unter der Oberfläche besteht die Erde zu großen Teilen aus metallhaltigem Gestein. Der ganze Planet wirkt daher wie ein Riesenmagnet mit zwei Polen. Dort entstehen Polarlichter. Sie sehen wie bunte Vorhänge aus.

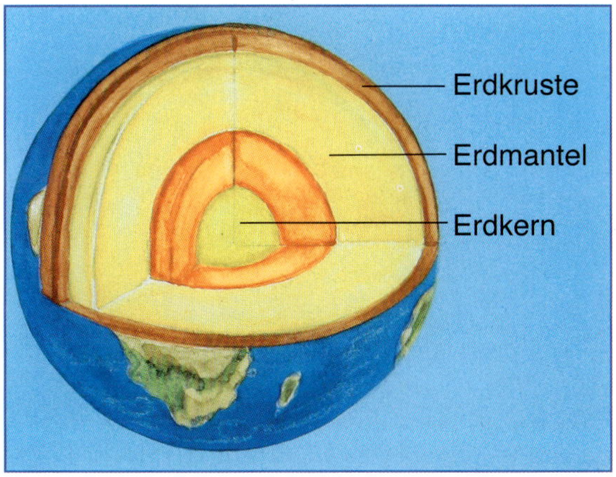

Der Kern besteht aus flüssigem Metall, der Erdmantel aus geschmolzenem Gestein. Die Erdkruste ist fest.

Die Kompassnadel richtet sich nach dem Magnetfeld der Erde aus und zeigt ungefähr nach Norden.

Die Geschichte unserer Erde

Das Weltall entstand vor rund 15 Milliarden Jahren mit einer Riesenexplosion, dem Urknall. Unsere Sonne besteht seit etwa fünf Milliarden Jahren.

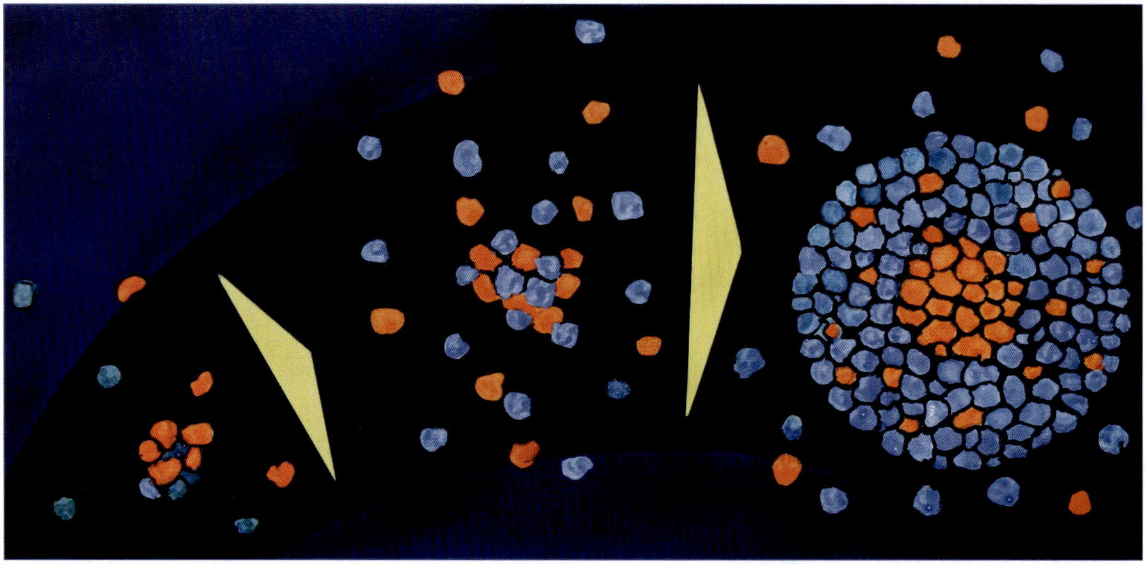

Die Sonne entstand aus einer Gaswolke. Vor 4,5 Milliarden Jahren sammelte sich um sie herum viel Staub und bildete eine Scheibe. Der Staub verdichtete sich schließlich zu den Planeten. Einer davon ist unsere Erde.

Als die Erde jung war, wurde sie von Meteoriten bombardiert. Die Einschlagkrater verschwanden aber.

Vor über einer Milliarde Jahren entstand das Leben im Meer. Fische gibt es seit 500 Millionen Jahren.

Vor 350 Millionen Jahren wurden einige Fische zu Amphibien mit Beinen und lebten nun auf dem Land.

Vor 100 Millionen Jahren war das Zeitalter der Dinosaurier. Doch vor 65 Millionen Jahren starben sie aus.

Besucher aus dem All

Oft fliegen Gesteinsstücke aus dem Weltall zur Erde. Die meisten verglühen in der Luft als Sternschnuppen. Meteorite aber fallen auf die Erde.

Sternschnuppen treten oft schwarmweise auf. Früher hatten die Menschen Angst vor ihnen.

Die weitaus meisten Meteorite bestehen aus Nickel und Eisen und zeigen geschliffen schöne Figuren.

Viele Meteorite sehen wie gewöhnliche Steine aus und sind daher nur schwer zu finden.

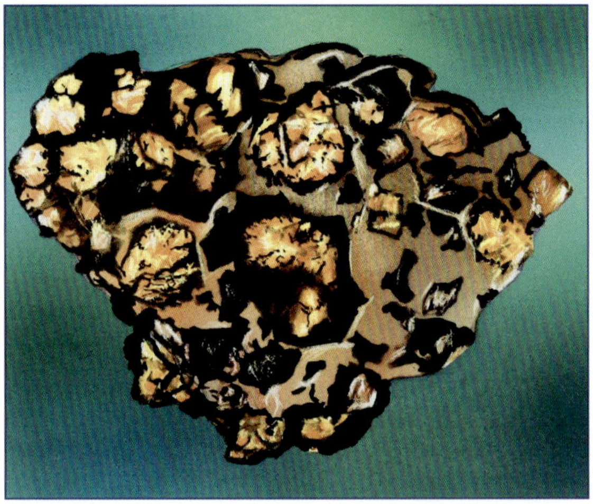

Die schönsten Meteorite heißen Pallasite. Sie bestehen aus glänzendem Eisen und großen Kristallen.

Manche Meteorite sind viele Tonnen schwer, zerbrechen aber durch die Reibung in der Lufthülle.

Sie fallen als Meteoritenschauer auf die Erde. Die Fundstellen liegen oft viele 100 Kilometer auseinander.

Wenn sehr große Meteorite auf die Erde fallen, entstehen Krater, etwa der Barringer-Krater in den USA.

Beim Aufprall wird das Erdgestein flüssig. Wenn es wieder erstarrt, entstehen die glasähnlichen Tektite.

Unser Mond

Auf der Mondoberfläche unterscheidet man Krater und Meere. Doch Wasser gibt es auf dem Mond nicht. Die Meere sind nur lavabedeckte Ebenen.

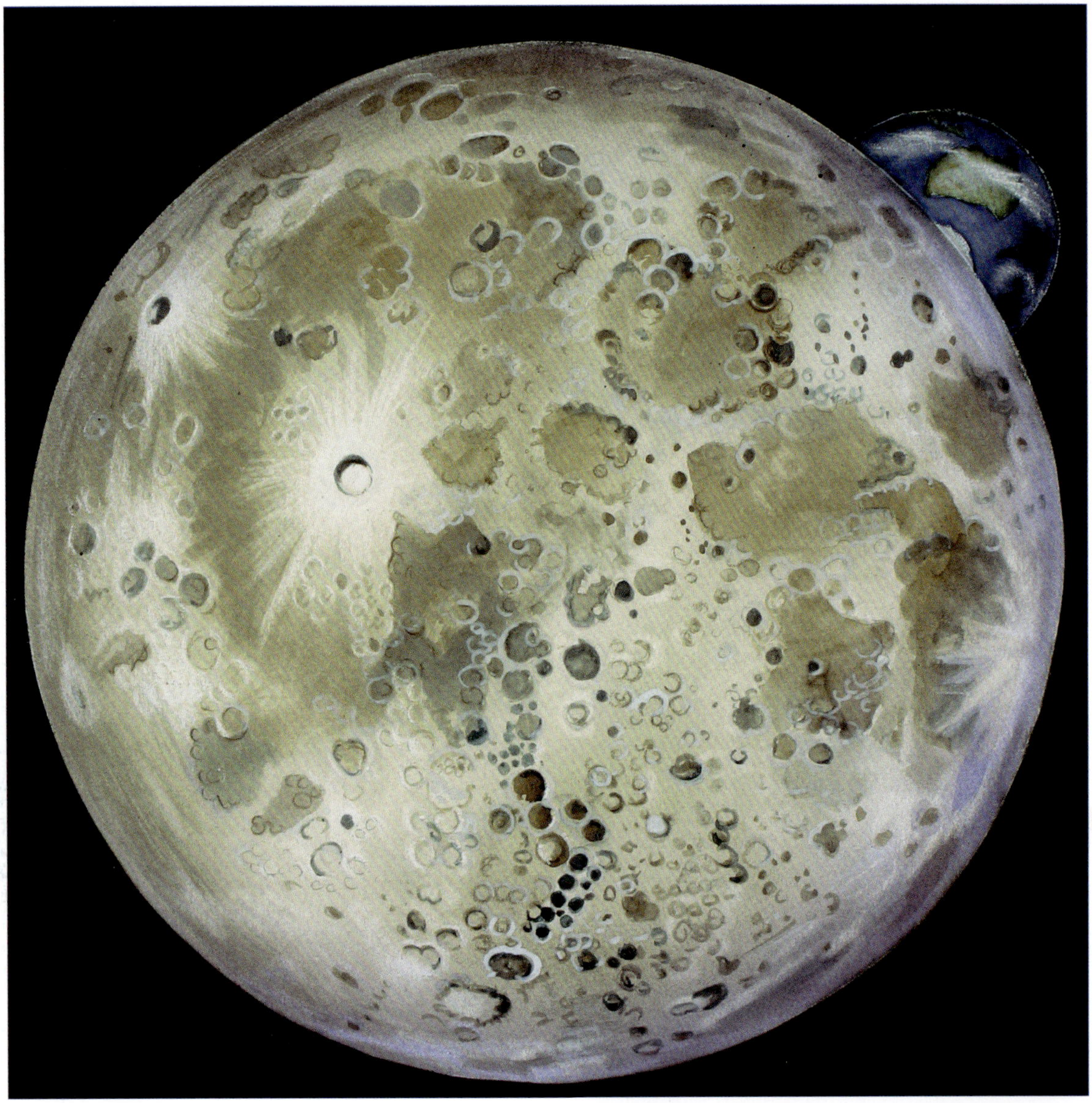

Der Mond zeigt der Erde immer seine Vorderseite. Er dreht sich also bei einer Umdrehung um die Erde genau einmal um seine Achse. Die Rückseite kennen wir nur durch Satellitenfotos.

Der Mond entstand durch den Zusammenprall zwischen der noch jungen Erde und einem anderen, viel kleineren Planeten.

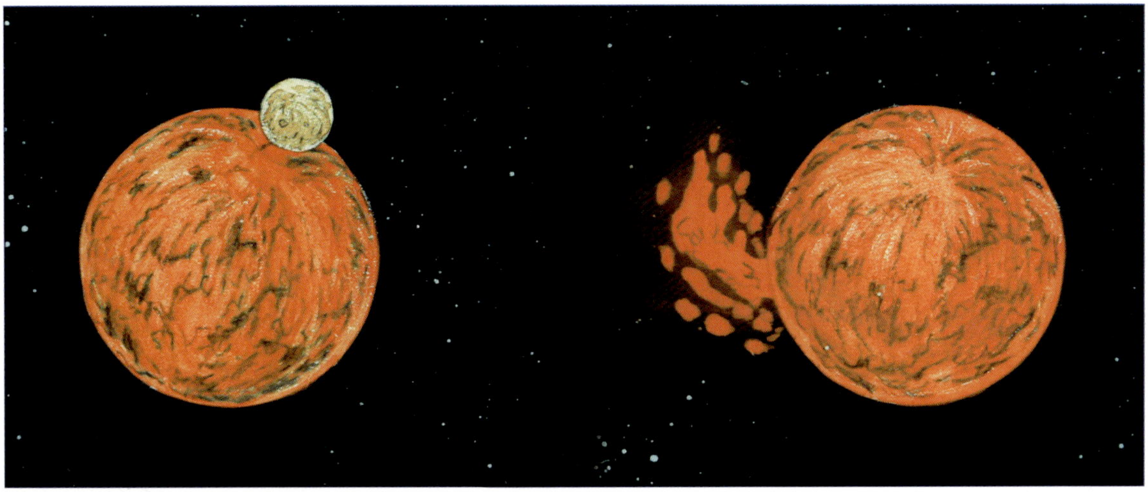

Beim Aufprall auf der noch glühend heißen Erde wurde der kleine Planet auseinander gerissen. Die Planetentrümmer und weiche Bestandteile der Erde wurden in das Weltall hinaus geschleudert.

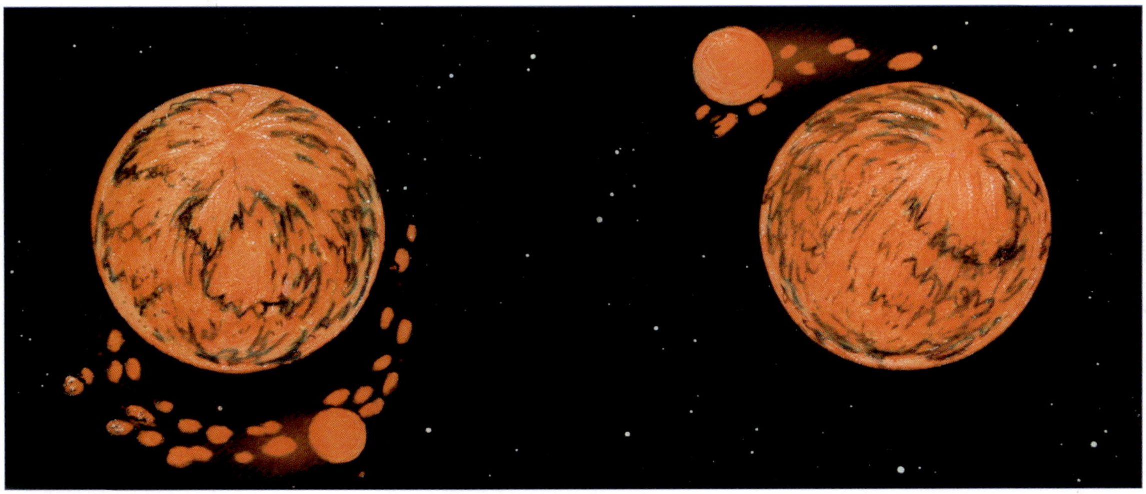

Durch die Schwerkraft ballten sich die glühenden Teile der Erde und des Kleinplaneten schließlich zum Mond zusammen. Der Mond hat keine Lufthülle, deswegen gibt es dort kein Wetter, und alle Krater blieben erhalten.

Der Mond am Himmel

Der Mond kreist mit hoher Geschwindigkeit um die Erde. Die Schwerkraft der Erde hält ihn dabei auf seiner Bahn.

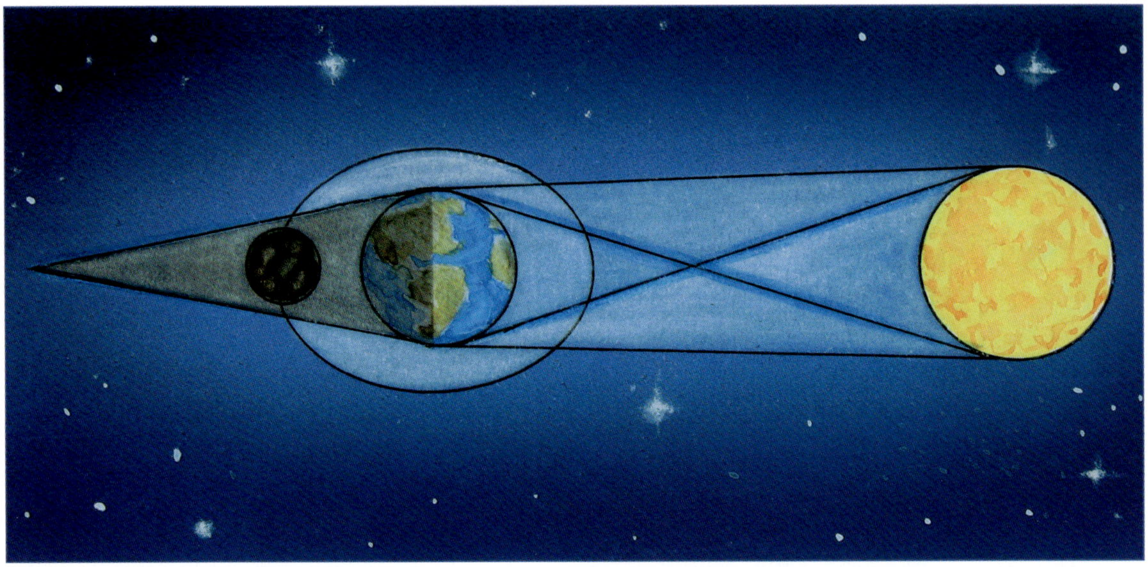

Bei Vollmond kann es gelegentlich zu einer Mondfinsternis kommen. Die Erde liegt dann genau auf einer Linie zwischen der Sonne und dem Mond. Sie wirft auf den Mond einen Schatten: Das nennt man Finsternis.

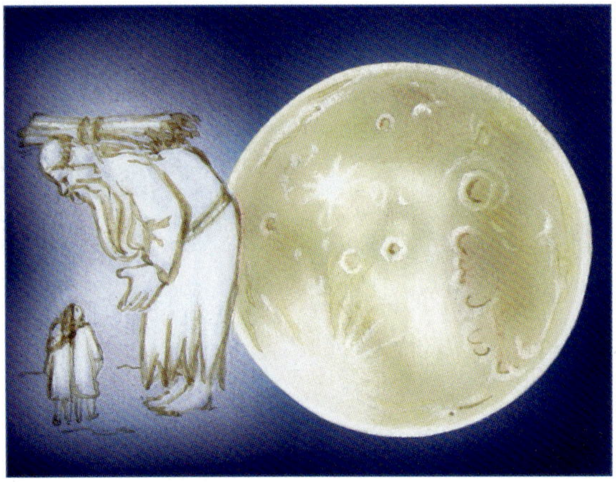

Mit viel Fantasie sieht man im Vollmond einen Mann mit einem Holzbündel auf dem Rücken.

Wenn der Vollmond tief am Horizont steht, wirkt er viel größer als sonst. Den Grund kennt man nicht genau.

Der Mond wurde Jahrmillionen lang von Meteoriten bombardiert. Dabei entstanden Einschlagkrater.

Die Sonne bescheint den Mond von Tag zu Tag anders. Die Mondphasen wiederholen sich alle 29 Tage.

Der Mondflug der Amerikaner

Am 21. Juli 1969 betrat der Amerikaner Neil Armstrong als erster Mensch den Mond. Der Mondflug war eine Meisterleistung der Genauigkeit.

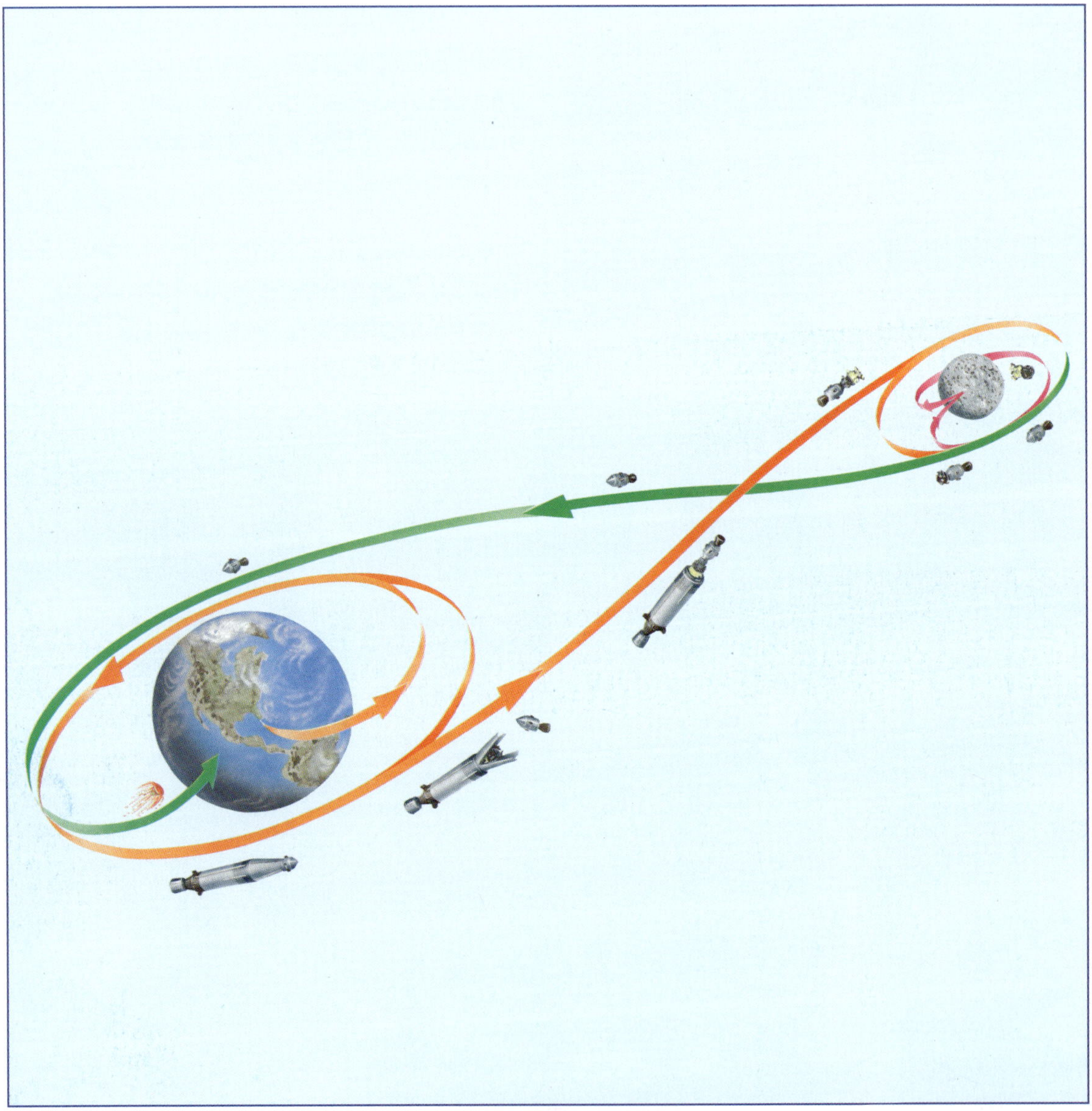

Die Mondflüge hießen Apollo-Missionen. Eine Rakete brachte die Mission auf eine Erdumlaufbahn. Dann flog das Raumfahrzeug Apollo zum Mond und umrundete ihn. Die Mondlandeeinheit schließlich stieg zum Mond ab.

Die Astronauten gelangten mit dem LEM auf den Mond. Das war die Mondlandeeinheit, auf Englisch Lunar Excursion Module.

Das LEM landete auf vier Beinen. Der untere Teil blieb auf dem Mond zurück. Der obere Aufstiegsteil startete erneut und brachte die beiden Astronauten zur Kommandoeinheit Apollo zurück, die um den Mond kreiste.

Apollo 11 war die erste Mondmission, danach landeten die Amerikaner noch fünf Mal auf dem Mond.

Die Astronauten machten auf dem Mond viele Experimente und sammelten Gesteinsproben.

Forschung auf dem Mond

Auf dem Mond ist es ungemütlich. Tage und Nächte dauern zwei Wochen. Tagsüber wird es über 100 Grad heiß, nachts so kalt wie in der Arktis.

1971 fuhren die Astronauten mit einem Mondmobil, um größere Gesteinsproben zu sammeln.

Die Astronauten nahmen mit einem Bohrer Bodenproben vom Mond und brachten sie zur Erde zurück.

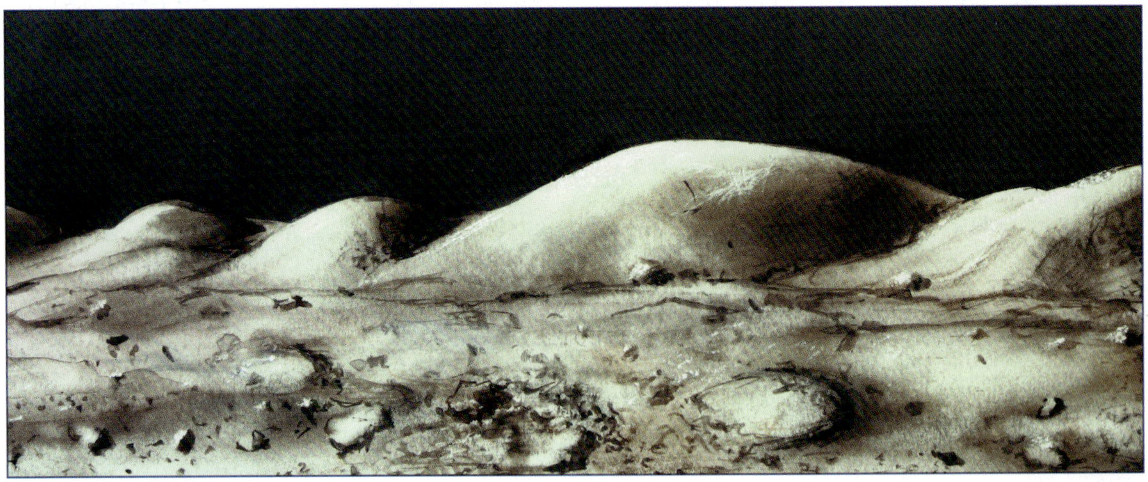

Die Mondoberfläche ist eine völlig kahle, tot wirkende, schroffe Landschaft ohne Wasser, Pflanzen und Tiere. Ohne schützenden Raumanzug könnte der Mensch auf dem Mond nicht überleben. Es gibt keine Luft zum Atmen.

Das Gestein vom Mond unterscheidet sich nur wenig vom Gestein, das wir von der Erde kennen.

Da es auf dem Mond weder Wind noch Wetter gibt, werden die Spuren der Astronauten ewig bleiben.

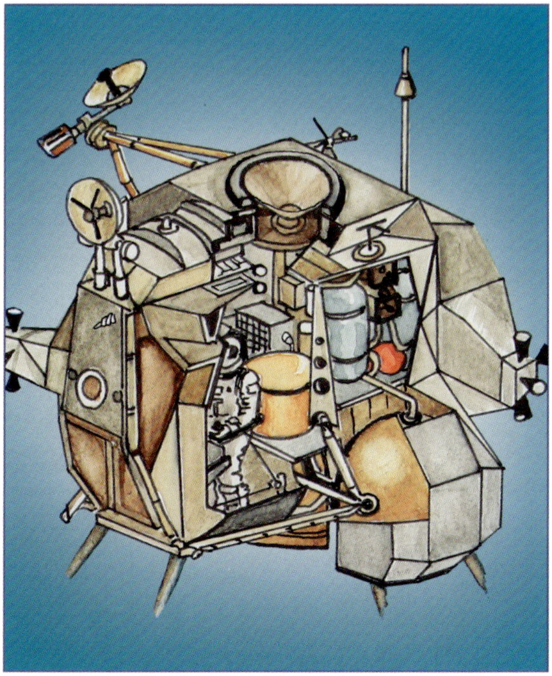

Es dauerte einige Stunden, bis die Astronauten ihre Arbeiten auf der Mondoberfläche beendet hatten.

Danach kehrten sie mit dem Aufstiegsmodul des LEM zum Apollo-Raumschiff im Mondorbit zurück.

Der Mond in der Kultur

Der Mond ist das größte und auffälligste Gestirn am Nachthimmel, weil er dauernd sein Aussehen verändert. Viele Völker verehrten ihn als Gottheit.

Die Ägypter stellten den Mondgott Thot als Pavian oder Ibis dar. Er war auch Gott der Wissenschaft.

Die griechische Mondgöttin Selene ist die Schwester des Sonnengottes. Bei den Römern hieß sie Luna.

Die wichtigste Göttin in Babylon war Ischtar, die Tochter des Mondgottes. Sie ritt auf einem Löwen.

Angolanische Völker verbringen ganze Vollmondnächte oft mit Gesang und Trommelmusik.

Auch bei uns richten sich viele nach dem Mond. Andere halten das für Aberglauben. Sie sagen, der Mond habe keinen Einfluss auf den Menschen.

Der Halbmond wurde vor 200 Jahren zum Symbol des Islam. Eigentlich ist es eine schmale Mondsichel.

Die Gottesmutter Maria mit ihrem Sohn Jesus wird oft auf einer Mondsichel stehend dargestellt.

Viele Menschen achten auf den Mond und gehen etwa nur bei zunehmendem Mond zum Friseur.

Manche glauben auch, dass Warzen weggehen, wenn man sie dem Vollmond aussetzt und dabei betet.

Mars

Der Mars ist weiter von der Sonne entfernt als die Erde. Weil er im Fernrohr rot erscheint, heißt er Roter Planet. Auf dem Mars gibt es kein Leben.

Auf dem Mars landeten schon Sonden, aber noch keine Astronauten. Die Landschaft sieht wüstenhaft aus. Man glaubt aber, dass es einmal Wasser gegeben hat und sich noch Wassereis unter der Oberfläche befindet.

Der Mars ist der Erde am ähnlichsten. Da es keine Luft gibt, können Menschen hier aber nicht leben.

Mit fast 27 Kilometern Höhe ist der Marsvulkan Olympus Mons der höchste Berg des Sonnensystems.

Der Mars Rover fuhr ferngesteuert über den Marsboden, machte Bilder und untersuchte das Gestein.

Die Raumsonde Mars Express umrundete zwei Jahre lang den Roten Planeten.

Unser Nachbar

Der Mars ist wesentlich kleiner als die Erde. Ein Tag auf dem Mars dauert ungefähr so lang wie ein Erdentag. Bisher fand man keine Lebewesen.

Mars war bei den Römern der Gott des Krieges. Die Legionäre verehrten ihn als ihren Schutzgott.

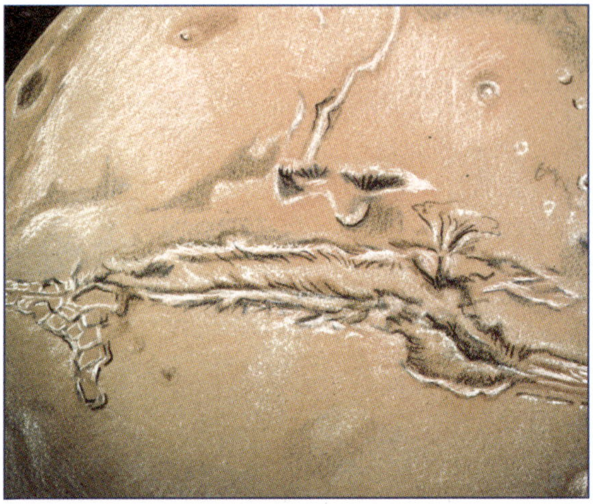

Die Schluchten der Valles Marineris auf dem Mars sind acht Kilometer tief und 3000 Kilometer lang.

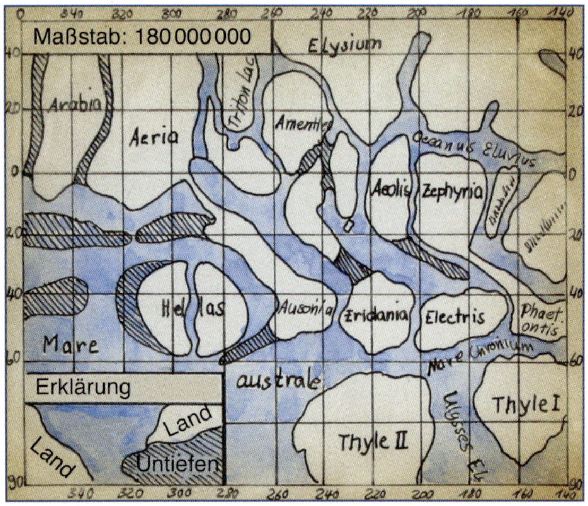

Der Italiener Schiaparelli glaubte 1877 Bewässerungskanäle auf dem Mars entdeckt zu haben.

Der Mars hat zwei winzige Monde, Phobos und Deimos. Sie sind keine Kugeln und unter 30 Kilometer lang.

Sonnensystem: Die äußeren Planeten

Jupiter

Auf den Planeten Jupiter, Saturn, Uranus und Neptun können keine Sonden landen. Sie bestehen fast nur aus Gas.

Den Jupiter untersuchten bisher mehrere Sonden, die am Planeten vorbeiflogen, etwa Pioneer 11. An der Oberfläche erkennt man deutlich Wolkenbänder und Wirbelstürme. Der Jupiter ist der größte Planet.

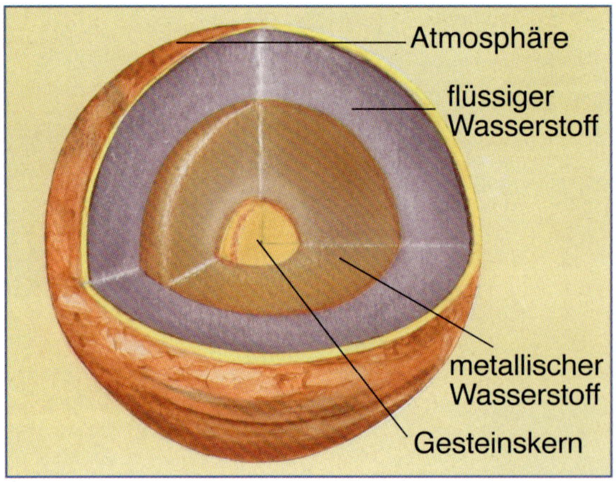

Jupiter besteht fast nur aus Gas, vor allem Wasserstoff und Helium. Ein Teil ist flüssig oder metallisch.

Der Große Rote Fleck ist ein riesenhafter Wirbelsturm, der seit 300 Jahren beobachtet wird.

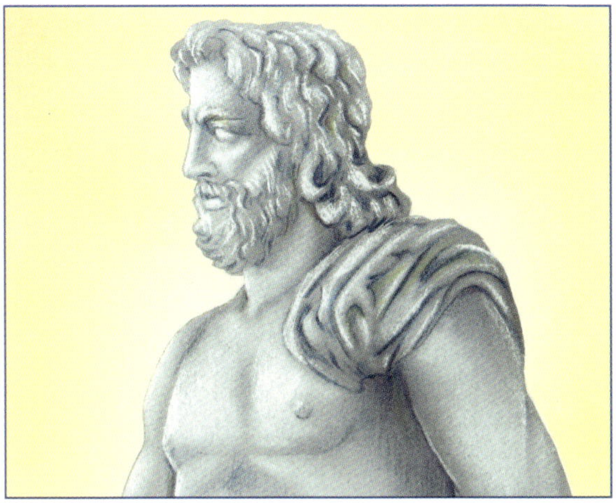

Bei den alten Römern war Jupiter der oberste Gott. Man meinte, er erzeuge Gewitter, Blitz und Donner.

Der Jupiter hat über 60 Monde. Vier davon hat schon Galilei vor 400 Jahren entdeckt.

Saturn

Der Saturn ist wegen seiner Ringe der auffälligste und schönste Planet. Er hat zahlreiche Monde, und immer noch werden neue entdeckt.

Die Sonde Voyager 1 flog 1980 als erste am Saturn vorbei und funkte Daten und Tausende von Bildern auf die Erde zurück, darunter auch von den Ringen dieses Planeten. Diese Ringe bestehen aus Trümmerteilen.

Solche Fotos lieferte Voyager. Man sieht die vielen Ringe – ähnlich den Rillen einer Schallplatte.

Saturn war bei den Römern der Schutzgott der Bauern und der Landwirtschaft.

Die Kapsel Huygens landete auf dem Saturnmond Titan. Er hat als Einziger eine dichte Atmosphäre.

Im Jahr 1997 wurde die Saturnsonde Cassini gestartet. Sie führte den Lander Huygens mit sich.

Uranus und Neptun

Uranus und Neptun sind Gasplaneten. Sie liegen so weit draußen im Sonnensystem, dass Uranus erst 1781 und Neptun erst 1846 entdeckt wurde.

Der Neptun gilt als der zweite blaue Planet. Einer seiner Monde ist der eiskalte Triton. Auf ihm spritzt flüssiger Stickstoff in riesigen Fontänen, den Geysiren, kilometerweit nach oben und verdampft dabei sofort.

Der Uranus ist der Sonne näher als der Neptun. Beide sind aber viel weiter von der Sonne entfernt als die Erde und damit eisige Welten.

Der Neptun hat wie der Jupiter riesige Wirbelstürme und Ringe wie der Saturn. Seine Gashülle besteht aus Helium, Wasserstoff und Methan. Der Uranus sieht im Fernrohr grünlich oder bläulich aus.

Miranda heißt der innerste Mond von Uranus. Er hat eine sehr merkwürdige Oberfläche.

Neptun ist der römische Meeresgott, Uranus die lateinische Form für Uranos, den griechischen Himmelsgott.

Pluto und weiter draußen

Pluto galt bislang als äußerster und kleinster Planet des Sonnensystems. Seit dem Jahr 2006 jedoch wird er als Zwergplanet eingestuft.

Pluto wird von einem sehr nahen Mond umkreist, dem Charon, der nicht viel kleiner ist als er selbst. Die Umlaufzeit beträgt rund sechs Tage. Vor sehr langer Zeit fing Pluto mithilfe seiner Schwerkraft den Charon ein.

Der Zwergplanet Pluto wurde bisher noch von keiner Sonde aufgesucht und studiert. Deswegen wissen wir auch so wenig über ihn.

Die Bahn Plutos um die Sonne ist lang gestreckt: Man nennt sie elliptisch oder exzentrisch. Für eine Umrundung braucht Pluto 248 Erdenjahre. Er fliegt dabei in Sonnennähe viel schneller als weit von der Sonne entfernt.

1930 entdeckte der Amerikaner Clyde Tombaugh Pluto als winzige Scheibe auf Fotoaufnahmen.

Pluto war der römische Gott der Unterwelt. Disneys Comic-Hund hieß nach dem neu entdeckten Planeten.

Die Schwerkraft

Jeder Körper hat eine Masse. Und jede Masse wie etwa die Erde übt auf eine andere Masse eine Anziehungskraft aus. Wir nennen sie Schwerkraft.

Dass ein Apfel vom Baum fällt, erscheint uns normal. Dahinter steckt aber die Schwerkraft.

Isaac Newton fand 1666 als Erster heraus, dass die Schwerkraft den Apfel zur Erde zieht.

Wenn die Erde stillstünde, würde sie durch die Schwerkraft auf die Sonne fallen. Weil sie sich aber schnell um die Sonne dreht, halten sich Schwerkraft und Bewegung die Waage.

Gewicht und Masse sind nicht dasselbe. Masse ist die Stoffmenge. Das Gewicht gibt die Kraft an, mit der die Erde einen Körper nach unten zieht.

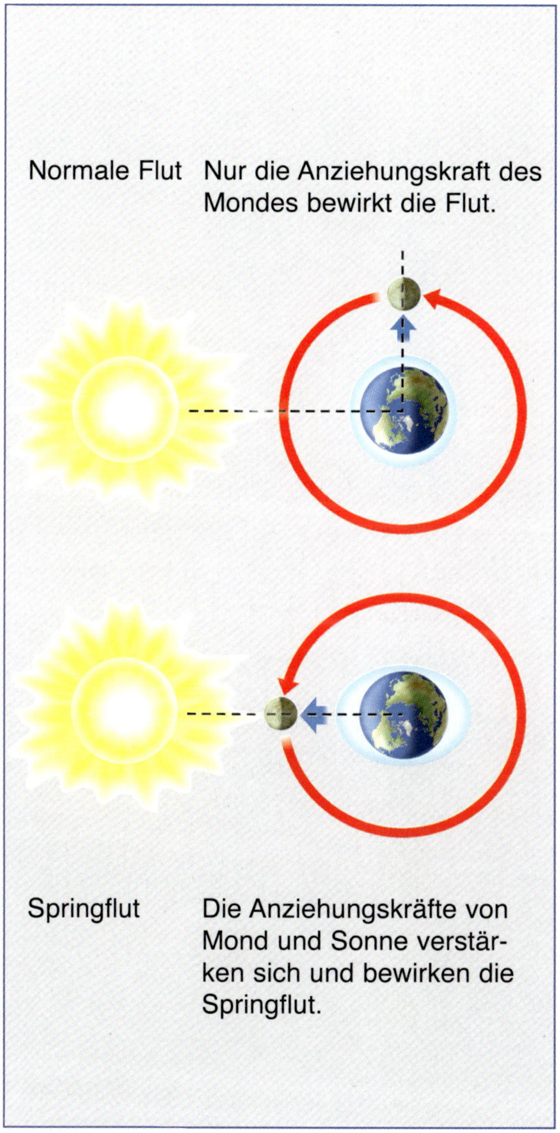

Die Schwerkraft von Mond und Sonne bewirkt die Gezeiten des Meeres mit Ebbe und Flut.

Die Gewichtskraft eines 50-kg-Körpers ist auf der Erde höher als auf dem Mond.

Wenn man in einem Flugzeug im Sturzflug fliegt, fällt man im freien Fall und ist scheinbar schwerelos.

Asteroiden

Tausende von Asteroiden oder Kleinplaneten kreisen zwischen Mars und Jupiter um die Sonne. Die meisten sind nur einige Kilometer groß.

So sieht der Asteroidengürtel zwischen Mars und Jupiter aus, wenn man mit einer Sonde hindurchfliegt. Fast alle Kleinplaneten sind ganz unregelmäßig geformt und bestehen aus Gestein oder gar reinem Eisen.

Die Raumsonde Near umkreiste den Asteroiden Eros und lieferte Fotos und wissenschaftliche Daten.

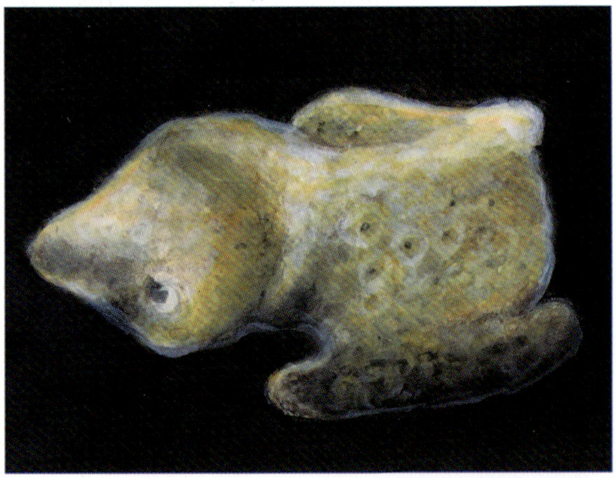

Die Sonde Galileo besuchte den 33 Kilometer langen Asteroiden Gaspra, der einer Erdnuss ähnelt.

Die Asteroiden haben es nicht geschafft, sich zu einem größeren Planeten zusammenzuballen.

Johann Schröter besaß um 1810 eines der größten Fernrohre und entdeckte damit auch Asteroiden.

Kometen

Kometen heißen auch Schweifsterne. Sie sind eigentlich winzig, aber in der Nähe der Sonne entsteht ihr Schweif, der viele Millionen Kilometer lang ist.

Ein Komet hat zwei verschiedene Schweife, einen Gasschweif und einen Staubschweif. Der Gasschweif ist immer von der Sonne weg gerichtet, weil ihn die Teilchen des Sonnenwindes in diese Richtung abdrängen.

Alle Kometen haben sehr weite und lang gezogene Bahnen. Erst in Sonnennähe werden sie sichtbar.

Der biblische Stern von Bethlehem, dem die heiligen drei Könige folgten, könnte ein Komet gewesen sein.

Im Jahr 1705 entdeckte Edmund Halley, dass der nach ihm benannte Komet alle 76 Jahre zu sehen ist.

Bilder der Sonde Giotto bewiesen 1986, dass der Kern des Halleyschen Kometen aus Eis besteht.

Unglücksboten?

Kometen galten früher als Boten ungewöhnlicher Ereignisse, meist von Katastrophen. Ihre hellen Schweife jagten den Menschen Angst ein.

Auf dem Teppich von Bayeux ist der Halleysche Komet bei seinem Besuch im Jahr 1066 abgebildet.

„Bild eines schrecklichen Kometen" hieß diese Schrift von 1664. Kurze Zeit danach brach die Pest aus.

1908 explodierte über Sibirien ein Kometenkern und legte im Umkreis von 20 Kilometern alle Bäume um.

Das alte Bild von 1680 zeigt einen Kometen über der Stadt Nürnberg. Die Menschen hatten große Angst.

Sterne und Sternsysteme

Unsere Milchstraße

Im Weltall gibt es unvorstellbar viele Sterne. Sie sind aber nicht regelmäßig verteilt, sondern drängen sich zu Sternsystemen oder Galaxien zusammen.

In klaren Sommernächten sieht man am Himmel ein weißes Band. Es ist die Milchstraße. Sie ist das Sternsystem, zu dem unsere Sonne mit den Planeten gehört. Die Milchstraße umfasst mindestens eine Milliarde Sterne.

Die Milchstraße ist eine Spiralgalaxie, deren Arme sich alle um ein Zentrum drehen. Für eine Umdrehung brauchen sie viele 100 Millionen Jahre.

Sternsysteme oder Galaxien haben eine typische Gestalt. Die meisten sind spiralförmig mit vielen Armen, etwa unsere Milchstraße. Andere bilden so genannte elliptische Nebel oder Balkenspiralen.

Der Astronom Edwin Hubble fand viel über Galaxien heraus. Nach ihm ist ein Weltraumteleskop benannt.

Von der Seite gesehen, erscheint die Milchstraße wie eine Scheibe. Von oben ist sie eine Spiralgalaxie.

Das Leben eines Sterns

Auch Sterne bestehen nicht ewig. Sie entstehen aus Gas, leuchten einige Milliarden Jahre und verlöschen dann wieder, vielleicht bei einer Explosion.

Sterne entstehen aus Wasserstoffwolken, in denen Wasserstoff zu Helium verwandelt wird. Wie lange ein Stern brennt, hängt von seiner Größe ab. Kleine Sterne enden als Weiße Zwerge, große als Neutronensterne.

Im Inneren eines Sterns werden Wasserstoffkerne zu Heliumkernen verschmolzen. Dabei wird ungeheure Energie frei, die ins Weltall abstrahlt.

Unsere Sonne ist ein mittelgroßer Stern. Sie scheint schon seit fünf Milliarden Jahren und wird weitere 5 Milliarden Jahre weiter glühen. Dann bläht sie sich aber zu einem Roten Riesen auf und verschluckt dabei die Erde.

Der Katzenaugennebel ist der Rest eines sterbenden Sterns. Er stößt seine äußere Hülle ab und regt diese durch seine Strahlung zum Leuchten an. Solche Nebel werden nur rund 10 000 Jahre alt und verblassen dann.

Merkwürdige Sterne

Manche Sterne sehen ungewöhnlich aus oder „benehmen“ sich komisch. Häufig sind Doppelsterne. Dabei kreisen zwei Sterne nahe umeinander.

Doppelsterne stehen am Nachthimmel so eng beieinander, dass man sie nur mit einem Teleskop voneinander unterscheiden kann. Auch der hellste Stern, der Sirius, hat einen Begleiter.

Ganz erstaunlich sind Neutronensterne. Sie sind nur rund 20 Kilometer groß. Eine Murmel eines solchen Sterns wiegt eine Million Tonnen!

Veränderliche Sterne schwanken in ihrer Helligkeit. Der Stern Mira wird alle 330 Tage heller und dunkler. Eine kurze Periode von nur wenigen Tagen haben die Cepheiden. Warum das so ist, weiß man nicht genau.

Pulsare senden in regelmäßigen Abständen Radiowellen aus. Diese Abstände sind meist kleiner als eine Sekunde. Die Pulsare verhalten sich dabei wie Leuchttürme, deren Feuer sich regelmäßig dreht.

Schwarze Löcher

Schwarze Löcher entstehen, wenn große Sterne am Ende ihres Lebens explodieren. Sie sind ganz klein und haben eine fast unendliche Masse.

Durch seine ungeheure Masse zieht ein Schwarzes Loch alles an sich und verschlingt es. Weil ihm auch keine Strahlung entkommt, bleibt es schwarz. Schwarze Löcher sieht man nicht. Darum ist ihr Nachweis so schwierig.

Noch weiß man nicht, wie viele Schwarze Löcher es im Weltall gibt. Wahrscheinlich hat jedes Sternsystem eines oder mehrere schwarze Löcher.

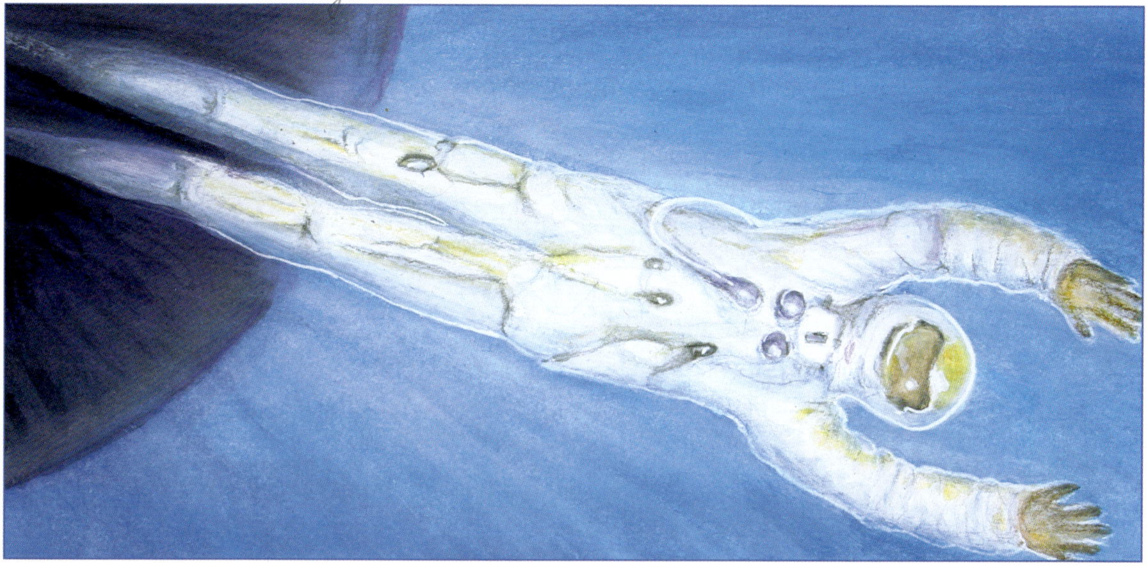

Wenn ein Astronaut in die Nähe eines schwarzen Lochs käme, würde er zusammen mit seinem Raumschiff extrem stark beschleunigt und dabei immer länger. Er würde am Ende vom Loch verschlungen.

Der Astronom Stephen Hawking hat viele Dinge über Schwarze Löcher herausgefunden.

Neutronensterne sind nicht größer als eine Stadt, entstanden aber aus Sternen dreifacher Sonnengröße.

Einsteins Relativitätstheorie

Nach Einsteins Theorie vergeht die Zeit nicht überall gleich schnell, der Raum ist gekrümmt, und was sich schneller bewegt, wird langsamer alt.

In einem Zug fällt ein Apfel auf den Boden. Im Zug sieht man ihn senkrecht fallen. Von außen gesehen fällt er jedoch in einer lang gezogenen Kurve. Jede Bewegung erscheint je nach Beobachter anders. Sie ist relativ.

Licht ist 300 000 Kilometer pro Sekunde schnell. Von der Sonne zur Erde braucht es acht Minuten.

Die Schwerkraft von Galaxien lenkt das Licht ab, das sich sonst geradlinig fortbewegen würde.

Albert Einstein wurde 1879 in Ulm geboren und lebte bis 1955. Er gilt als der größte Physiker aller Zeiten.

Wenn man fast so schnell wie das Licht fliegt, wird man schwerer, und die Uhr geht im Vergleich nach.

Sternbilder

Als Sternbild bezeichnen wir mehrere helle Sterne, die wir in unserer Fantasie zu einer Gruppe zusammenlegen und zu einem Bild ergänzen.

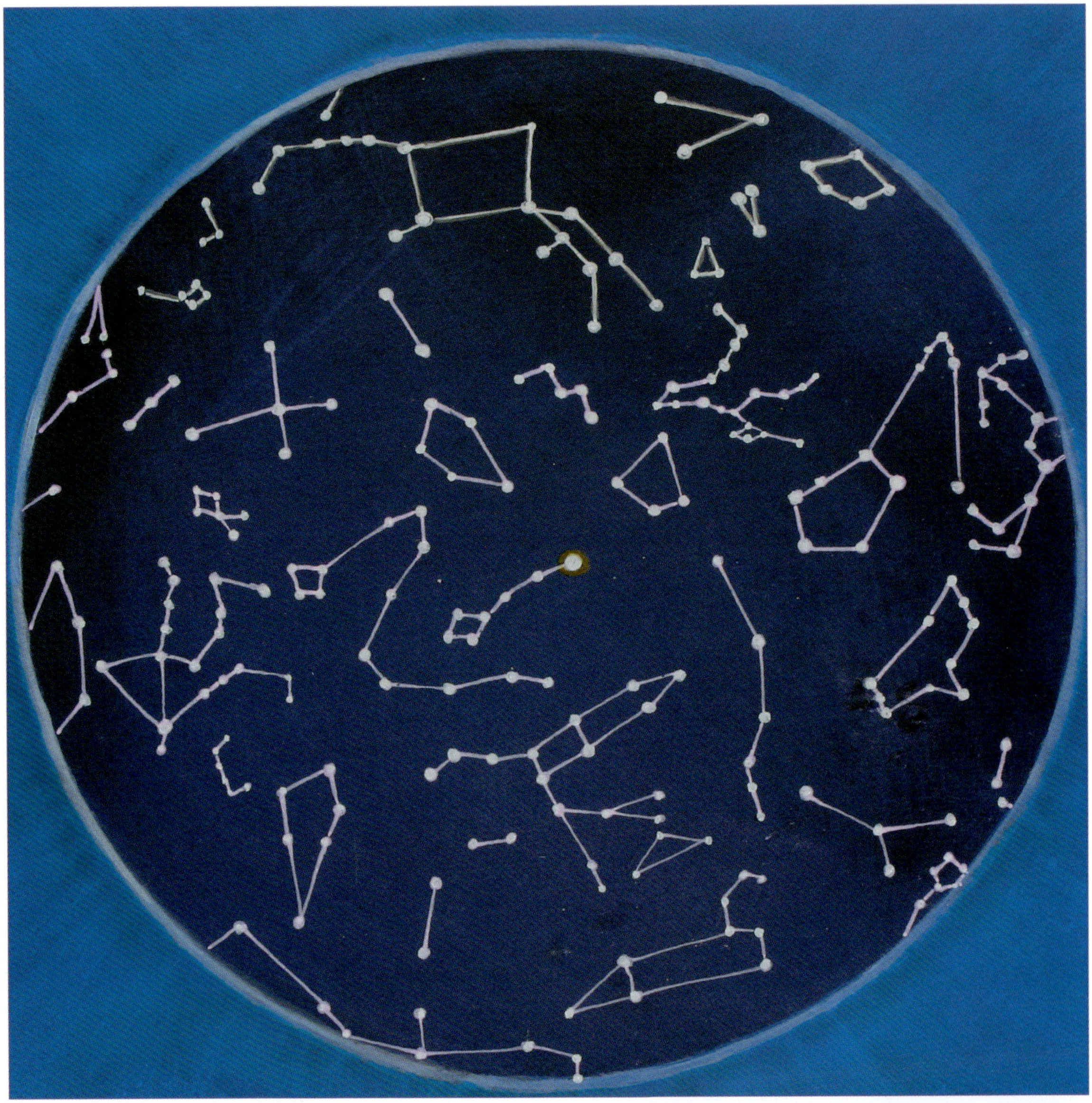

Auf der Nordhalbkugel der Erde sieht man den Nordhimmel (linke Seite), auf der Südhalbkugel sind dagegen ganz andere Sternbilder am Südhimmel (rechte Seite) zu erkennen.

Viele Sternbilder stammen schon aus babylonischer Zeit und sind seit Jahrtausenden bekannt.

Noch heute finden sich Astronomen mithilfe der Sternbilder am Himmel zurecht. Die einzelnen Sterne der Sternbilder haben oft nichts miteinander zu tun und befinden sich in ganz verschiedenen Tiefen des Weltraums.

Großer und Kleiner Wagen

Der Große und der Kleine Wagen sind am Nordhimmel und also in Europa das ganze Jahr zu sehen. Sie gehören zu den bekanntesten Sternbildern.

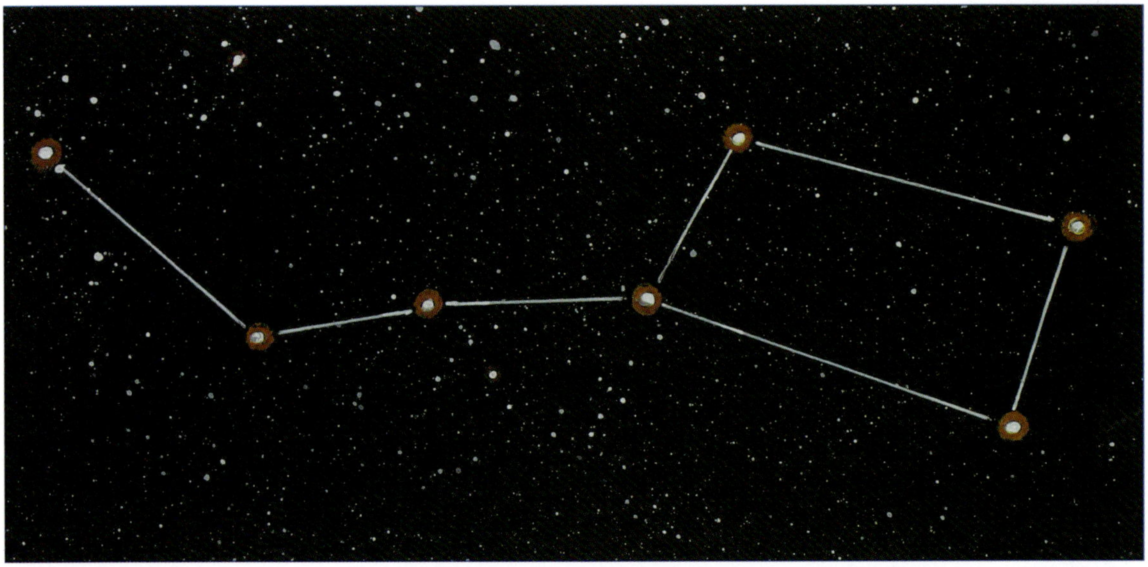

Der Große Wagen ist das auffälligste Sternbild am Nordhimmel. Er besteht aus sieben Sternen mit arabischen Namen. Der Große Wagen gilt als Teil eines noch größeren Sternbilds, das wir Großer Bär nennen.

Vor 1000 Jahren waren die Araber große Wissenschaftler. Daher tragen viele Sterne arabische Namen.

Zum Sternbild Großer Bär gehört eine Spiralgalaxie, die 59 Millionen Lichtjahre von der Erde entfernt ist.

Der helle Polarstern steht am Himmelspol im Norden: Nach ihm richteten sich früher die Seeleute.

Der letzte Punkt in der Deichsel des Kleinen Wagens ist der Polarstern.

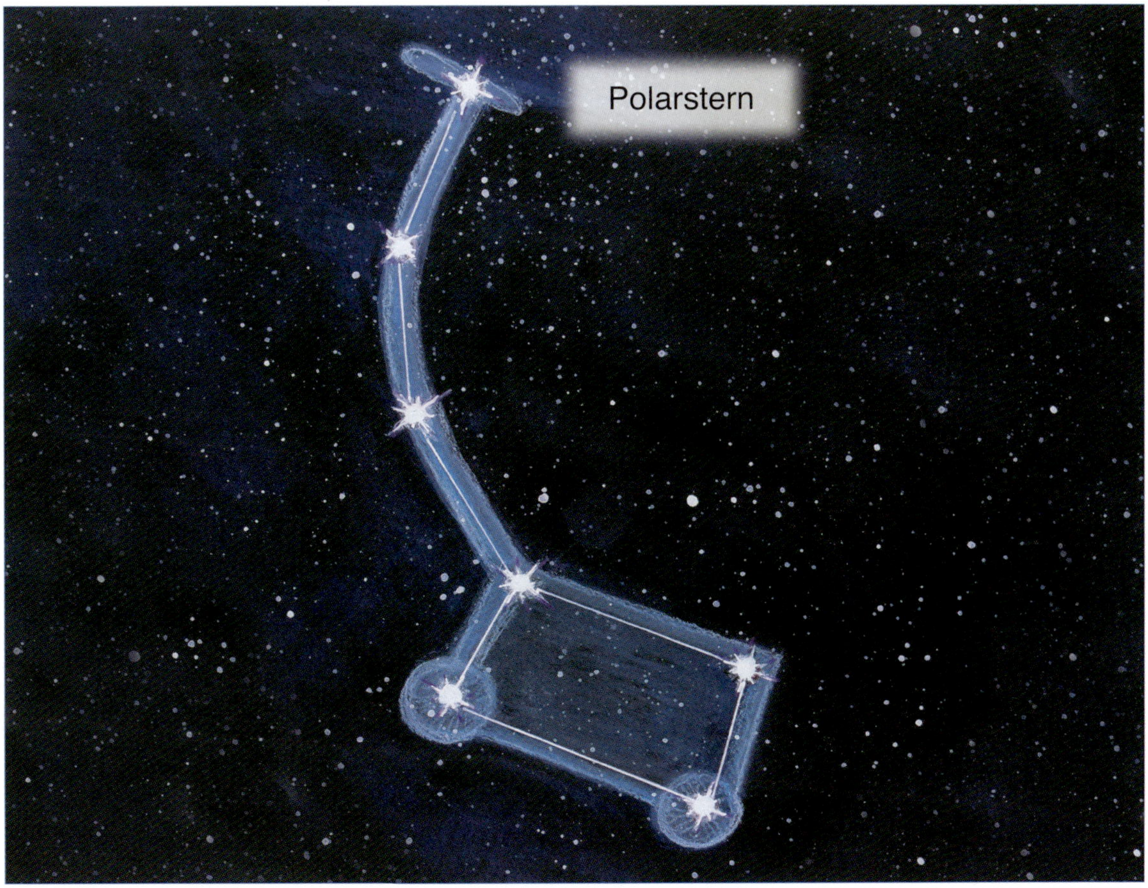

Man unterscheidet 88 Sternbilder. Zwölf Sternbilder begleiten die scheinbare Bahn der Sonne im Lauf des Jahres, die Sternbilder des Tierkreises.

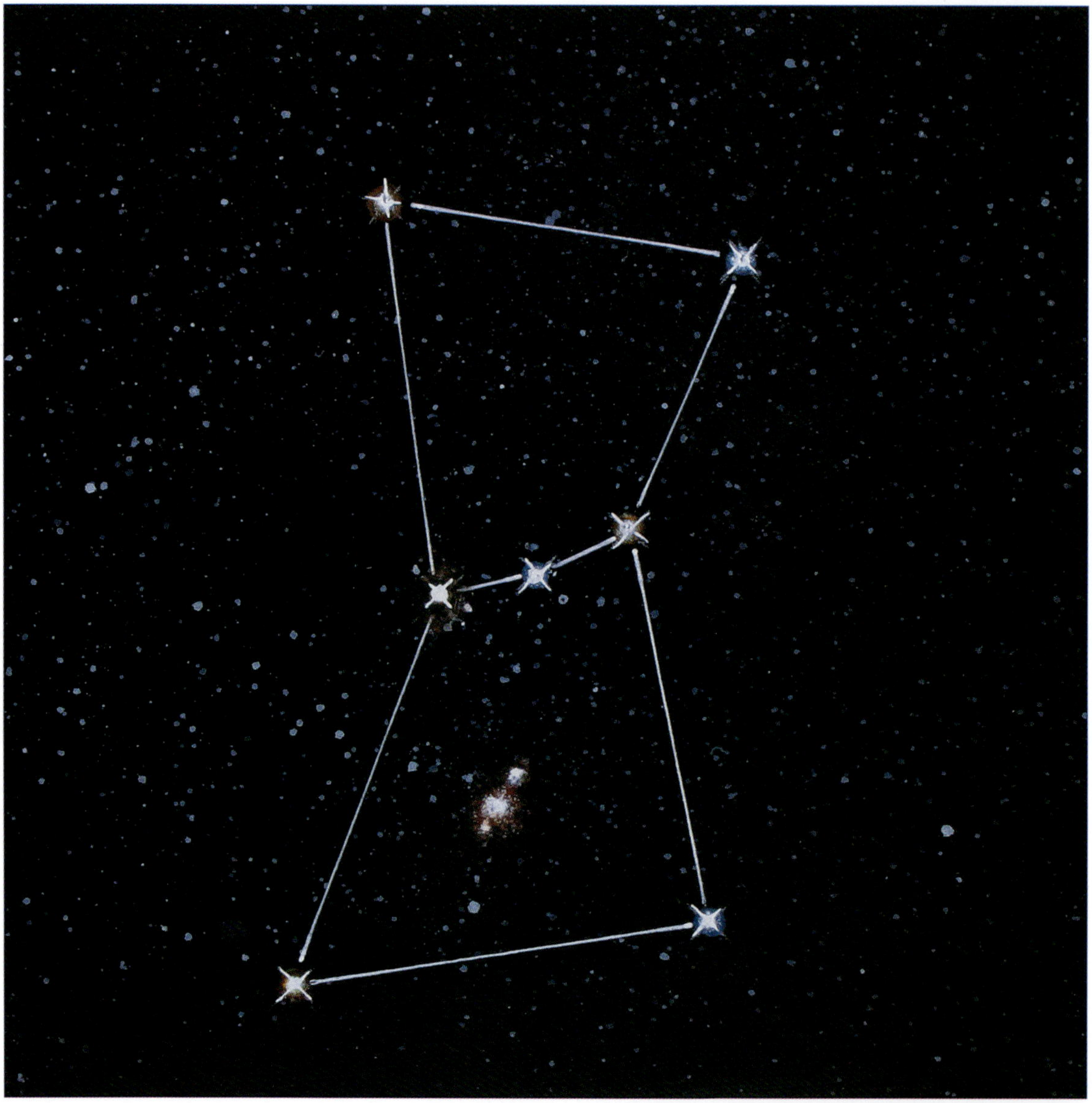

Das Sternbild Orion gilt als eines der schönsten des Nordhimmels. Es ist bei uns nur im Winter zu sehen. Orion war ein großer Jäger der griechischen Sagenwelt. Nach seinem Tod wurde er an den Himmel versetzt.

Die alten Griechen kannten in ihren Sagen viele Helden, Halbgötter und Nymphen. Nach ihnen benannten sie auffällige Sterne oder Sternbilder.

Das Sternbild Cassiopeia heißt auch „Himmels-W". Es ist das ganze Jahr zu sehen. Cassiopeia war eine schöne äthiopische Königin. Die Araber bezeichneten das Sternbild übrigens als „Knieendes Kamel".

Im Sternbild Orion liegt der Pferdekopfnebel. Er ist ein Dunkelnebel, der nur wenig Licht durchlässt.

Den wunderschönen großen Orionnebel kann jeder mit einem kleinen Teleskop sehen.

Südhimmel

Überall auf der Erde sieht man den Sternhimmel nur bis zum Horizont. Er trennt Himmel und Erde. Was darunter liegt, können wir nicht sehen.

In Europa sieht man ganz andere Sterne als in Südafrika, und einige Sternbilder sehen anders aus.

Typisch für den Südhimmel ist das Kreuz des Südens. Früher richteten sich die Seefahrer nach ihm.

Die Sterne im Kreuz des Südens liegen in Wirklichkeit nicht nahe beieinander. Das sieht nur so aus.

Astronomie

Widder
Fische
Wassermann
Steinbock
Schütze
Skorpion
Waage
Jungfrau
Löwe
Krebs
Zwillinge
Stier
1
2
3
4
5
6
7
8
9
10
11
12

Fernrohr und Teleskop

Die ersten Fernrohre enthielten Linsen. Weil diese aber bei großen Geräten sehr schwer wurden, ersetzte Newton sie durch viel leichtere Spiegel.

Das Licht, das von einem Stern kommt, wird vom Hauptspiegel auf einen Fangspiegel geworfen. Er lenkt es rechtwinklig ab, sodass es durch ein vergrößerndes Okular ins Auge des Betrachters gelangt.

So sah Newtons eigenes Teleskop aus. Spiegelteleskope kann man größer bauen als Linsenfernrohre.

Wesentlich kleiner waren die ersten Fernrohre, die sich Galileo Galilei baute. Sie enthielten Linsen.

Der Astronom Galileo Galilei sah mit dem Fernrohr Dinge, von denen man bis dahin nichts wusste.

Die Geschwister Herschel in England besaßen vor 200 Jahren das größte Teleskop der Welt.

Großteleskope und Sternwarten

Die größten Sternwarten liegen in abgelegenen Gebieten. Nur wo wenig künstliches Licht vorhanden ist, kann man Sterne ungestört beobachten.

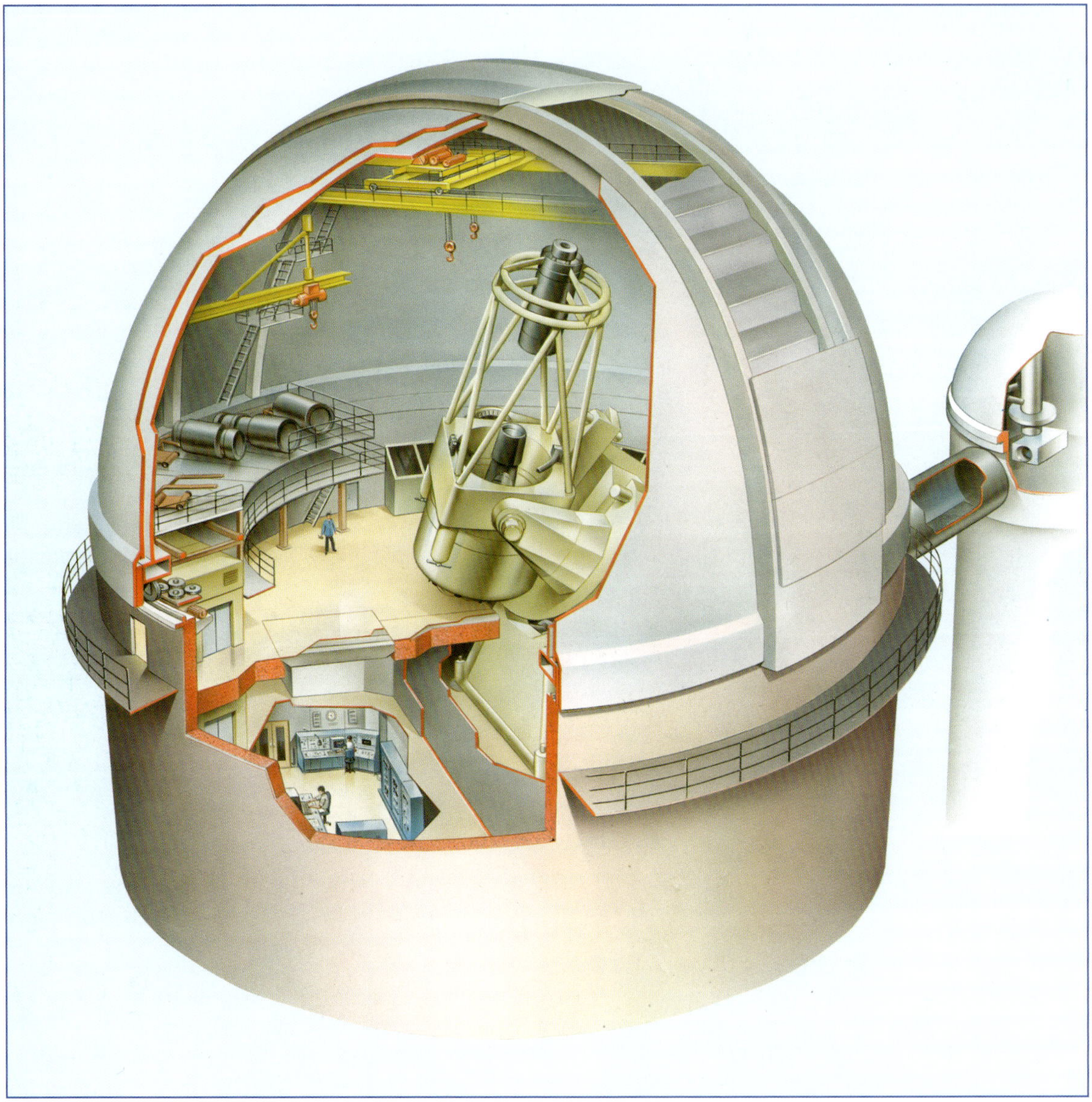

Die größten Teleskope haben einen Spiegeldurchmesser von über zehn Metern. Diese Spiegel herzustellen ist sehr kompliziert und langwierig. Sie müssen auf einen tausendstel Millimeter genau geschliffen sein!

Sterne senden neben Licht auch Radiowellen, Infrarot-, Ultraviolett- und Röntgenstrahlen aus. Für diese Strahlen braucht man andere Teleskope.

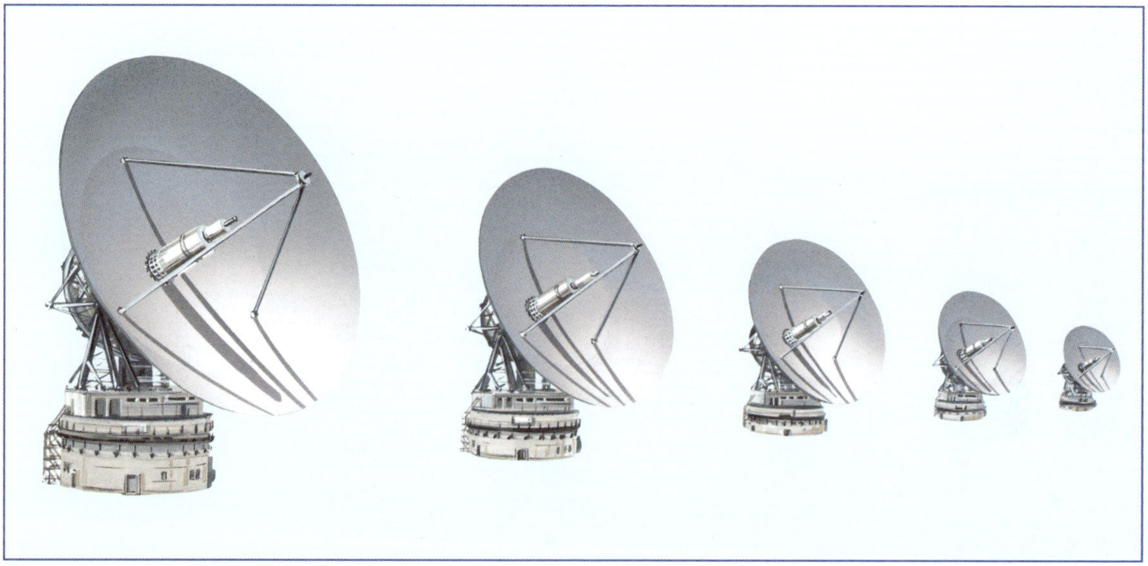

Radioteleskope sehen unseren Fernsehschüsseln ähnlich und funktionieren auch so: Sie sind nichts anderes als Antennen. Einen besonders guten Empfang hat man, wenn man mehrere Radioteleskope in eine Reihe stellt.

Das größte Radioteleskop steht in Puerto Rico. Es ist 305 Meter groß. Sein Spiegel ist aber unbeweglich.

Die Europäische Südsternwarte liegt in Chile. Dort gibt es ganz klare Luft und nur sehr selten Wolken.

Planetarien

Planetarien sind eine Art Kino. Sie zeigen uns den Sternenhimmel und wie er sich im Jahreslauf verändert oder die Bahnen der Planeten.

Im Planetarium kann man Expeditionen mit Raumschiffen ins Weltall nachstellen, zum Beispiel eine Reise zum nächsten Planeten, dem Mars. Oder man zeigt den Halleyschen Kometen, wie er im Jahr 1066 ausgesehen hat.

Das erste, aber noch ganz einfache Planetarium wurde 1715 gebaut. Das erste Planetarium, das wie ein Kino funktionierte, entstand 1923 in Jena.

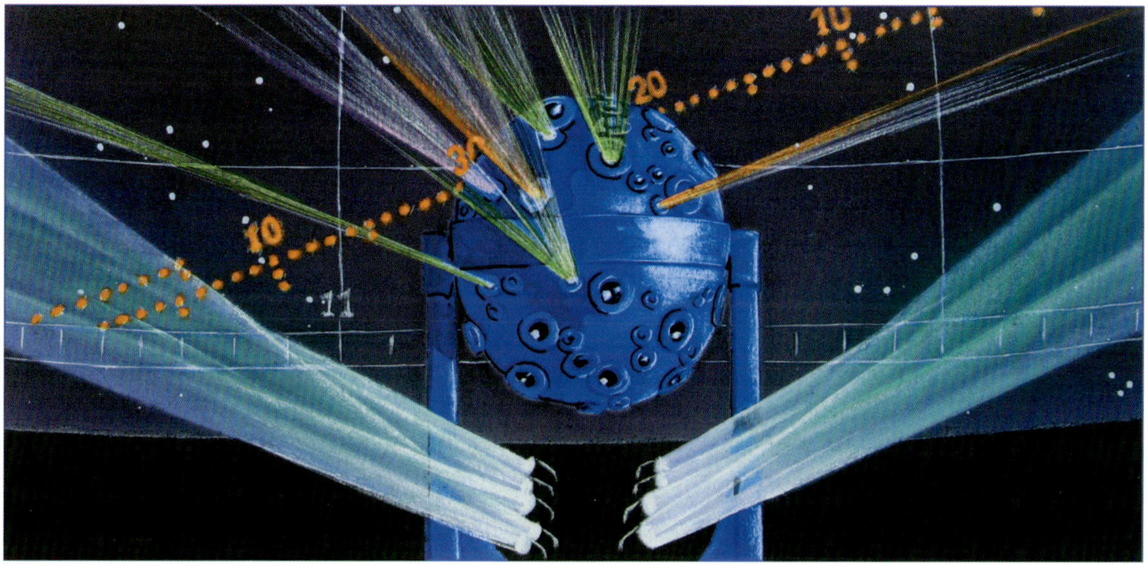

Die Vorführapparate der Planetarien sind außerordentlich komplizierte Maschinen. Heute hilft der Computer bei der Darstellung des Weltalls. Nur mit ihm kann man die Reisen von Raumschiffen nachahmen.

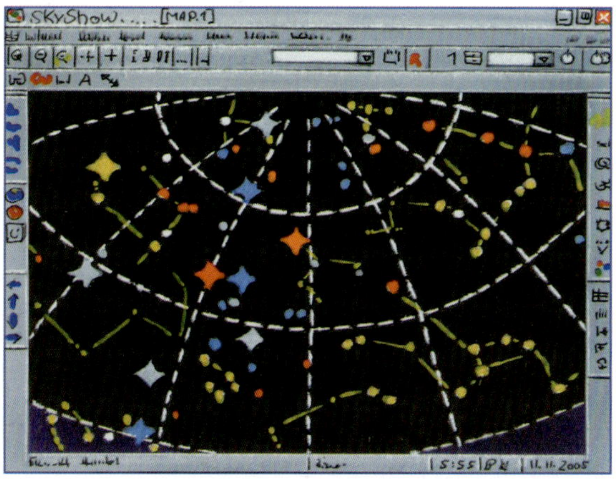

Mit Planetarien-Software kannst du auch an deinem Computer Ausflüge in den Weltraum unternehmen.

Man kann auch zeigen, wie unser Weltall entstanden ist: bei einem unglaublichen Urknall.

Astrologie und Sterndeutung

Viele Völker glauben, dass Himmelserscheinungen und Sterne das Leben und das Schicksal der Menschen bestimmen.

Die Chinesen haben ganz andere Sternzeichen als wir. Sie ordnen jedes Jahr einem von zwölf Tierkreiszeichen zu, zum Beispiel Tiger, Hund oder Hahn. Das neue Jahr beginnt bei den Chinesen meist im Februar.

Die Sterndeutung heißt Astrologie. Die Astrologen erstellen Horoskope, entweder für eine bestimmte Zeit oder für das ganze Leben.

Die Pawnee-Indianer trugen noch vor 100 Jahren einen Sternenmantel. Sie hielten einige Sterne für Götter und wollten mit Gottesdiensten ihre Gunst gewinnen. Die Pawnee lebten in der nordamerikanischen Prärie.

Mithilfe solcher Diagramme stellen Astrologen die Stellung der Planeten zum Zeitpunkt der Geburt dar.

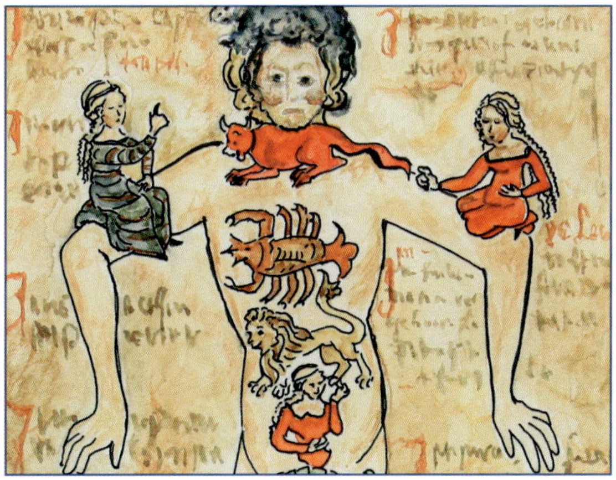

Aderlassmännchen gaben an, zu welchen Zeiten im Jahr man den Körperteilen Blut abzapfen konnte.

Sonne und Sterne in Flaggen

In vielen Flaggen kommen Gestirne vor. Islamische Länder verwenden den Halbmond. Sterne stehen oft für die Bundesstaaten eines Landes.

Im unteren schwarzen Dreieck der Flagge von Papua-Neuguinea liegt das Sternbild Kreuz des Südens.

Auch die Flagge Brasiliens zeigt das Kreuz des Südens. Darum liegen 20 Sterne für die Bundesstaaten.

Auch Samoa zeigt in seiner Flagge das Kreuz des Südens, das auffälligste Sternbild des Südhimmels.

Auf der australischen Flagge finden wir den Commonwealth-Stern und das Kreuz des Südens.

Die Sonne tritt in den Flaggen der Länder weniger häufig auf als Sterne. Den Mond führen nur islamische Länder. Er ist seit 200 Jahren ihr Symbol.

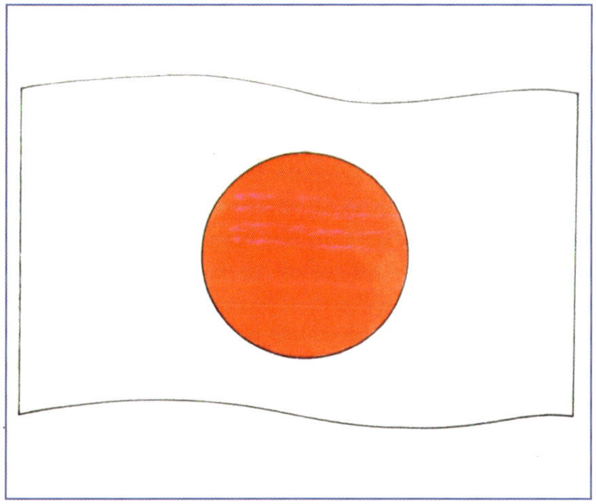

Japan nennt man das „Land der aufgehenden Sonne“, und sie ist auch auf der Flagge dargestellt.

Kiribati umfasst einige Inseln in der Südsee. Auf der Flagge steigt die Sonne über Meereswellen empor.

Das Riesenland Kasachstan in Mittelasien zeigt in seiner Flagge einen Adler und darüber die Sonne.

Antigua und Barbuda liegen in der Karibik. Der kleine Inselstaat hat in der Flagge die aufgehende Sonne.

Bauwerke für die Sterne

Viele alte Bauwerke stehen mit Himmelskörpern im Zusammenhang. Sie sind etwa zum Sonnenaufgang an einem bestimmten Tag ausgerichtet.

Stonehenge ist eine 4000 Jahre alte geheimnisvolle Steinanlage in England. Sie besteht aus Kreisen riesiger Steinquader und ist nach dem Sonnenaufgang am längsten Tag des Jahres ausgerichtet.

Die steinerne Sternwarte in der indischen Stadt Jaipur stammt aus dem 18. Jahrhundert.

Das Sonnentor von Tiahuanaco in Bolivien ist aus einem mächtigen Felsblock gemeißelt.

Durch die Fenster dieses Turms von Machu Picchu in Peru fiel die Sonne nur zu bestimmten Tagen.

An dieser Maya-Pyramide in Mexiko ergibt sich zur Tagundnachtgleiche ein Spiel von Licht und Schatten.

Bauwerke für die Sterne

Bauwerke aus der Steinzeit verraten uns, dass die Menschen damals gut Bescheid wussten über den Lauf der Sonne und anderer Gestirne.

Dolmen nennt man solche Gräber aus der jüngeren Steinzeit. Sie sind oft nach der Sonne ausgerichtet.

In England gibt es einige Steinringe mit Menhiren. Diese aufgerichteten Steine heißen auch Hinkelsteine.

Auch Kreisgrabenanlagen, wie man sie bei uns findet, waren nach der Sonne ausgerichtet. Das älteste, vor 7000 Jahren erbaute Sonnenobservatorium Europas befand sich in der Nähe von Goseck in Sachsen-Anhalt.

Raumfahrt

Die ersten Raketen

Seit über 100 Jahren gibt es Pläne für Raketen. Die erste startete 1926. Weltraumraketen bauten die Russen und die Amerikaner erst ab 1950.

Raketen funktionieren genauso wie Ballons, deren Luft man ablässt: Die austretende Luft erzeugt einen Rückstoß und treibt den Ballon nach vorn. Bei Raketen verursachen die Verbrennungsgase den Rückstoß.

Der Russe Konstantin Ziolkowski schrieb schon vor über 100 Jahren ein Buch über die Raumfahrt.

Feuerwerksraketen erfanden die Chinesen vor mehr als 700 Jahren. Schwarzpulver treibt sie vorwärts.

Manche Raketen verbrennen festen Brennstoff. Andere verbrennen zwei Flüssigkeiten, etwa Wasserstoff und Sauerstoff.

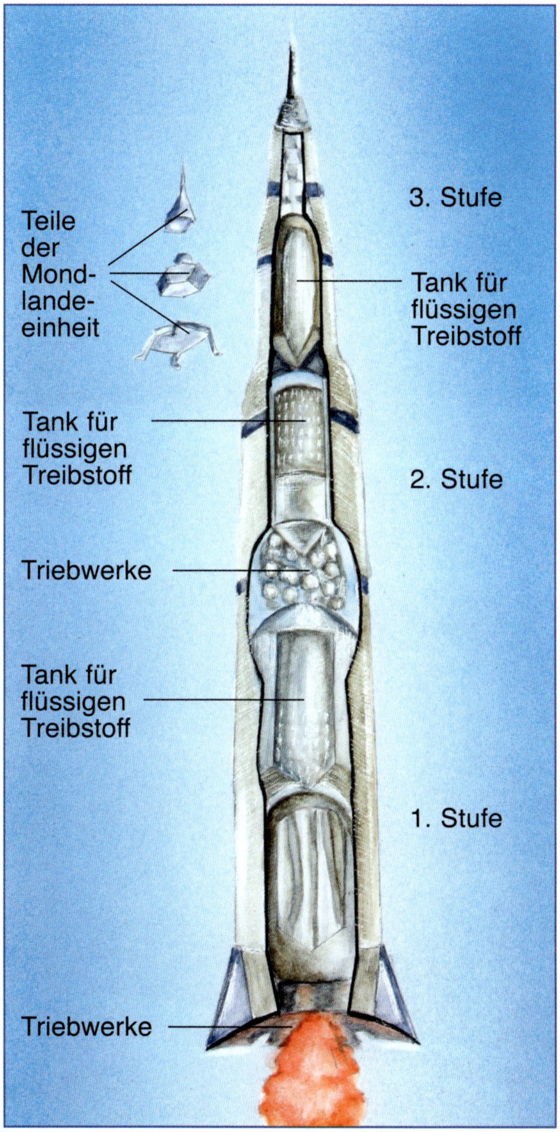

Weltraumraketen bestehen aus mehreren Stufen. Ausgebrannte Stufen werden abgesprengt.

Die erste Flüssigkeitsrakete baute der Amerikaner Robert Goddard 1926. Sie flog nur 14 Meter hoch.

Die erste Testrakete der USA hieß Hermes. Aber damit konnte man noch nicht in den Weltraum fliegen.

Die ersten Satelliten

Mit den ersten Satelliten brachte man vor allem wissenschaftliche Geräte in den Weltraum. Mit ihnen wollte man Daten über unsere Erde gewinnen.

Der erste Satellit war der russische Sputnik. Er flog in 96 Minuten um die Erde und machte nur „piep“.

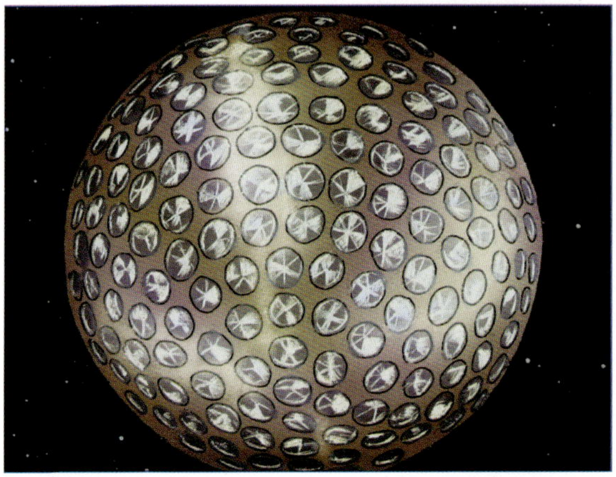

Lageos war eine Kugel mit vielen Spiegeln. Sie sollten Laserlicht von der Erde zurückwerfen.

Schon der zweite Satellit, der russische Sputnik 2 vom 3. August 1957, hatte einen Passagier an Bord. Es war die Hündin Laika. Laika lieferte viele Daten, starb aber nach einigen Stunden an Stress und Erschöpfung.

Die Amerikaner starteten zahlreiche Explorer-Satelliten. Explorer 6 funkte die ersten Wolkenbilder zur Erde.

Der Satellit Geos von 1975 sammelte Daten über die Erde, etwa über die Bewegung der Erdplatten.

Der erste Mensch im Weltall

Die Eroberung des Weltraumes wurde zu einem Wettrennen zwischen Russen und Amerikanern. Zuerst hatten die Russen die Nase vorn.

Mit dem Raumschiff Wostok 1 flog der erste Mensch, ein Russe, ins Weltall. Er startete am 12. April 1961 und kreiste 90 Minuten lang um die Erde. Er landete schließlich mit seiner Kapsel südlich von Moskau.

Etwa ein Jahr nach den Russen starteten auch die Amerikaner den ersten bemannten Raumflug. Zuvor hatten sie Schimpansen ins All befördert.

Mit den Raumschiffen des Gemini-Programms bereiteten sich die Amerikaner auf die Mondlandung mit den Apollo-Missionen vor. Zum Gemini-Programm gehörten auch die ersten Spaziergänge im Weltall.

Der Russe Juri Gagarin war der erste Mensch im Weltall. Er war bei seinem Flug 27 Jahre alt.

John Glenn hieß der erste Amerikaner im Weltraum. Er flog in einer einsitzigen Mercury-Kapsel.

Der Raumanzug

Der Mensch kann nur auf der Erde leben. Nur hier gibt es eine Lufthülle, nur hier kann er atmen. Im Weltall sorgt der Raumanzug für eine Lufthülle.

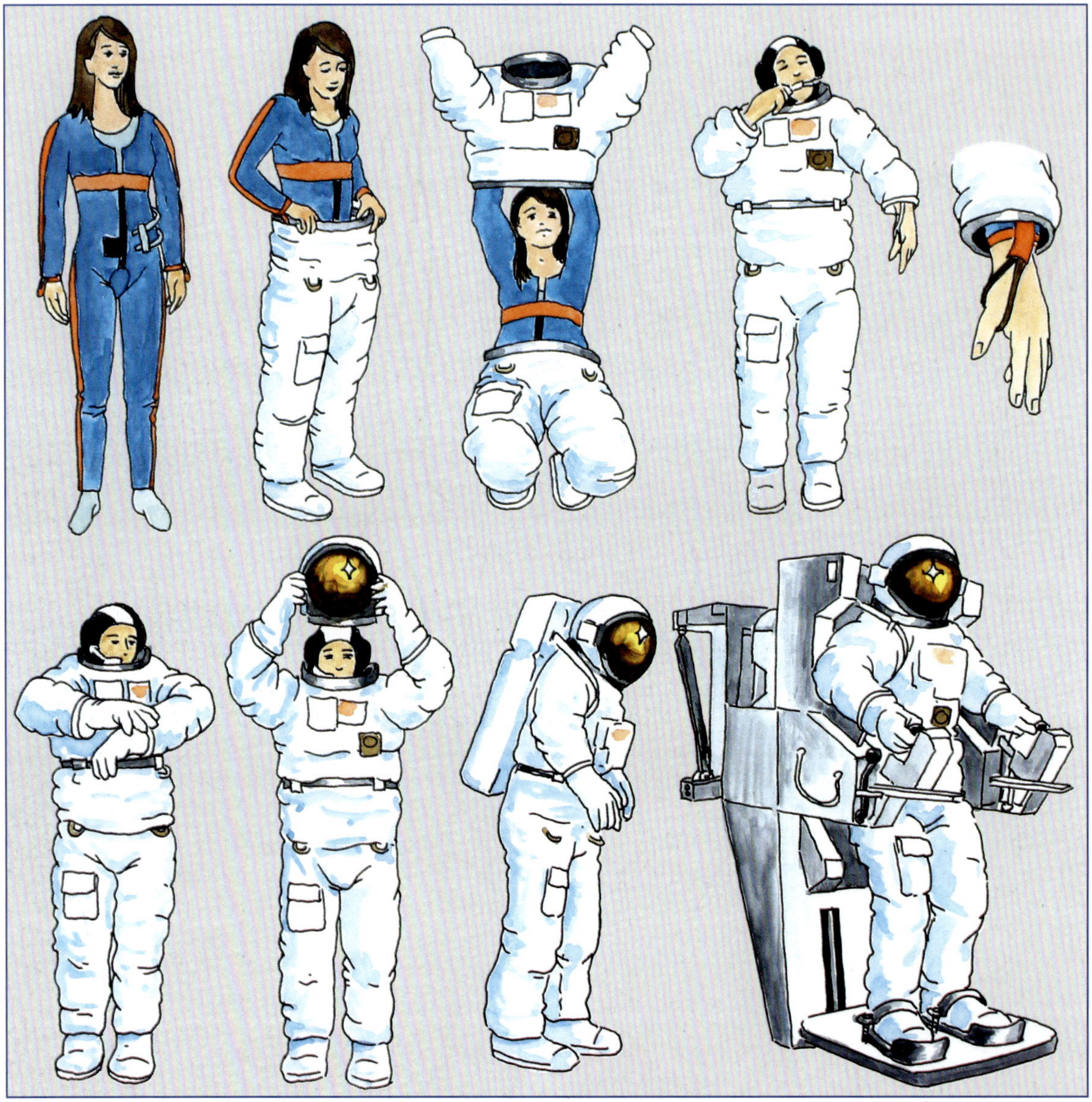

Außerhalb des Raumschiffs müssen Astronauten den Raumanzug tragen. Er schützt sie vor Hitze und Kälte und umgibt sie mit Luft. Es dauert ganz schön lange, sich einen Raumanzug überzuziehen.

Raumanzüge müssen sehr gut gearbeitet sein. Gefährlich sind herumfliegende Trümmer. Sie können Löcher in den Raumanzug schlagen.

Der Raumanzug ersetzt dem Astronauten sozusagen die Erde. Er versorgt ihn vor allem mit Luft und Luftdruck. Würde der Anzug platzen, würde das Blut des Astronauten sofort aufschäumen. Das würde niemand überleben.

Bei den sechs Landungen auf dem Mond bauten die amerikanischen Astronauten viele Versuchsgeräte auf, unternahmen Experimente und sammelten Bodenproben. Sie mussten immer einen Raumanzug tragen.

Astronauten müssen sich jahrelang auf das Leben im Weltall vorbereiten. 100 Kilometer über der Erde ist das Leben ganz anders als auf ihr.

Beim Start beschleunigen Raketen sehr schnell. Astronauten müssen bis zu achtfache Erdbeschleunigung aushalten, das ist achtmal so schnell wie die Fallgeschwindigkeit. Das trainieren sie in einer Zentrifuge.

Das Leben in einem Raumschiff ist ungewöhnlich. Auf der Erdumlaufbahn sieht man die Erde als blaue Kugel. Ein „Tag“ dauert keine zwei Stunden.

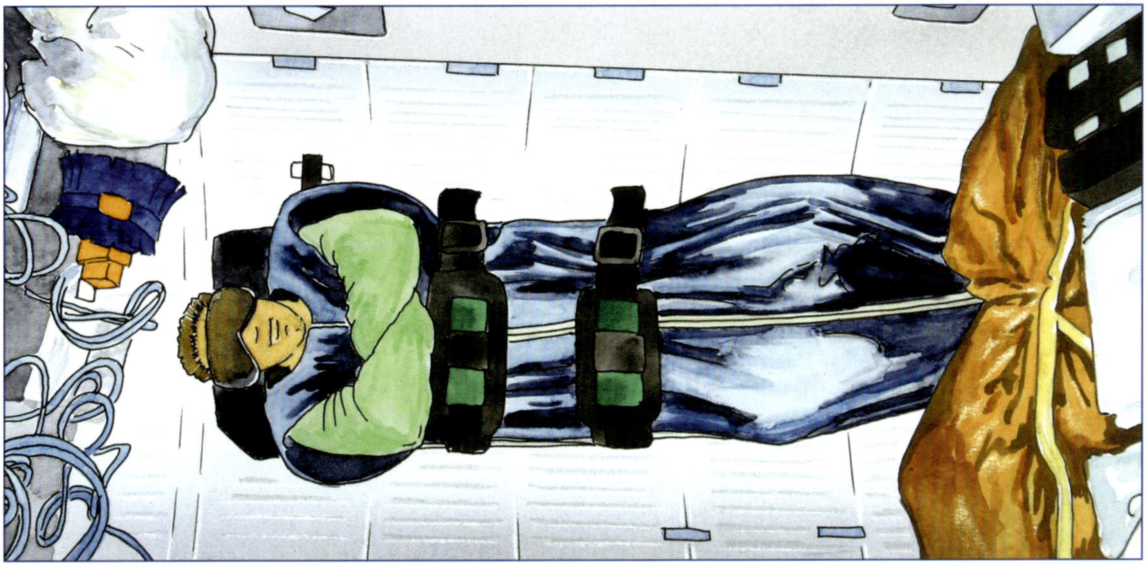

Im Weltall herrscht Schwerelosigkeit. Zum Schlafen liegen die Astronauten nicht auf einer Matratze. Sie kriechen in einen festgeschnallten Schlafsack, denn sonst würden sie im Schlaf durch das Raumschiff schweben.

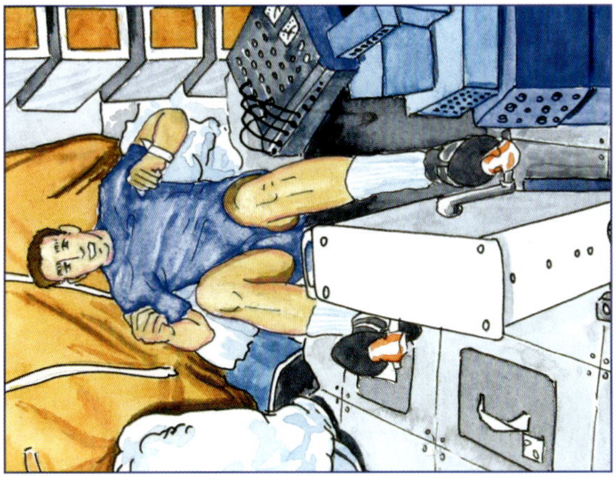

Um in der Schwerelosigkeit fit zu bleiben, müssen die Astronauten im All täglich Sport treiben.

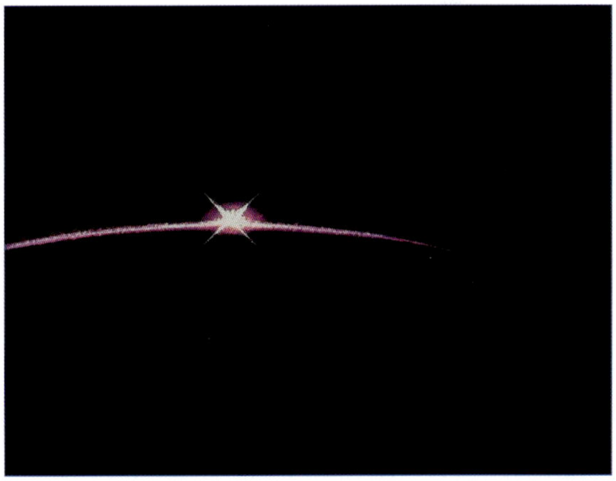

Der Space Shuttle kreist schnell um die Erde. Die Sonne geht für die Astronauten 15-mal am Tag auf.

Arbeiten bei Schwerelosigkeit

In einem Raumschiff mit abgeschaltetem Antrieb haben alle Körper zwar eine Masse, aber kein Gewicht mehr. Dies nennt man Schwerelosigkeit.

Astronauten schweben frei in der Kabine – ähnlich wie Taucher im Wasser. So kann ein Astronaut den anderen ganz einfach mit einem Finger in die Luft heben.

Essen ist nicht leicht im Weltraum: Kekskrümel fliegen in der Kabine umher, auch Pfeffer und Salz.

Wenn man sich Saft eingießen will, bleibt der nicht in der Tasse, sondern bildet eine schwebende Kugel.

Nichts fällt im Weltraum zu Boden. Apfel und Stift schweben und wandern mit dem Lüftungszug umher.

Beim Duschen wird das Wasser aus der Brause unten abgesaugt, sonst dringt es in die Kabine.

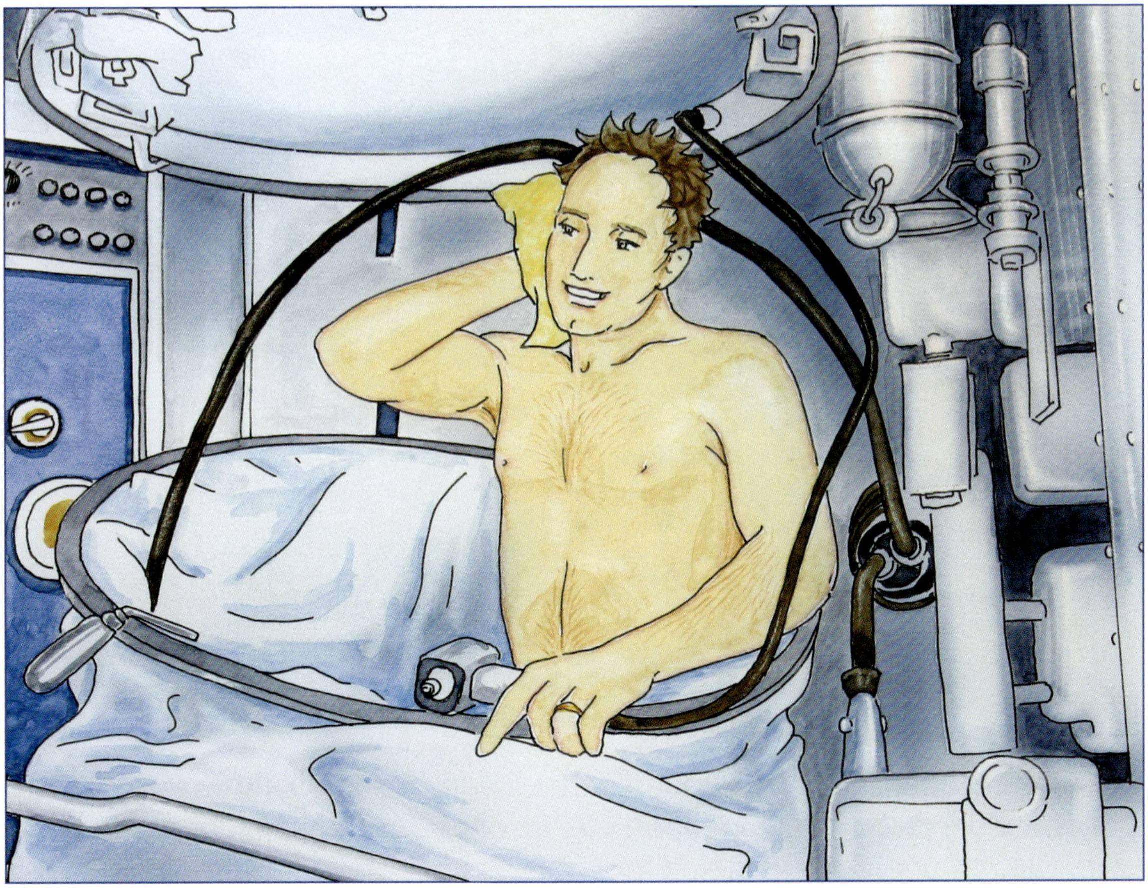

Das Weltraumlabor Skylab

Skylab hieß das erste Weltraumlabor der Amerikaner. Es bestand aus einer Röhre, in der die Astronauten schliefen und Versuche durchführten.

Das Skylab überfliegt die Erdoberfläche. Deutlich sind die kreuzförmigen Sonnensegel zu sehen, mit denen elektrischer Strom aus Licht erzeugt wird. Die Astronauten züchteten im Labor zum Beispiel Kristalle.

Das Weltraumlabor wurde 1974 zum letzten Mal genutzt. Danach näherte es sich immer mehr der Erde und verglühte 1979 in der Atmosphäre.

Blick ins Innere des Skylab. Die gesamte Wohn- und Arbeitsröhre war voll mit wissenschaftlichen Geräten. Die Astronauten stellten in der Schwerelosigkeit besondere Stoffe her und machten medizinische Versuche.

Saturn-Raketen brachten die Astronauten zum Skylab. Die dritte Mission dauerte 84 Tage.

Zu den Experimenten gehörten auch Außenarbeiten und Weltraumspaziergänge im Raumanzug.

Space Shuttle

Der Space Shuttle ist ein Raumfahrzeug. Man kann auch Raumfähre, Weltraumtransporter oder Orbiter sagen.

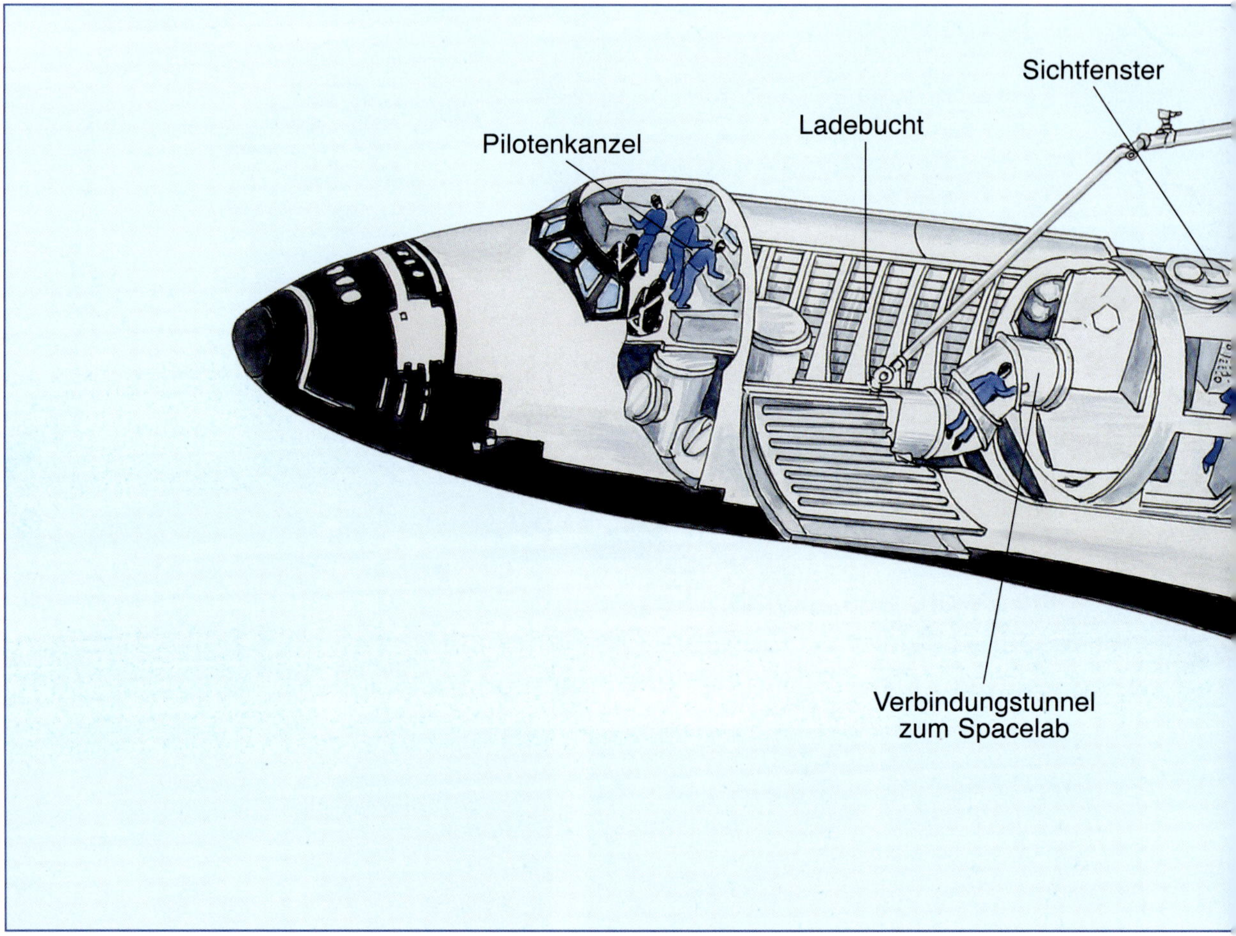

Beim Start sitzt der Space Shuttle huckepack auf einem riesigen Außentank mit Treibstoffen. Die Triebwerke des Shuttles verbrennen diese Treibstoffe. Rechts und links davon sitzen noch zwei Feststoffraketen.

Nach 15 Minuten hat der Shuttle seine Umlaufbahn um die Erde erreicht. Die Raketen und den Tank hat er schon vorher abgeworfen.

Der Space Shuttle ist das derzeit modernste Raumfahrzeug. Nach einem schweren Unfall hatte man aber lange Zeit keine Starts mehr geplant.

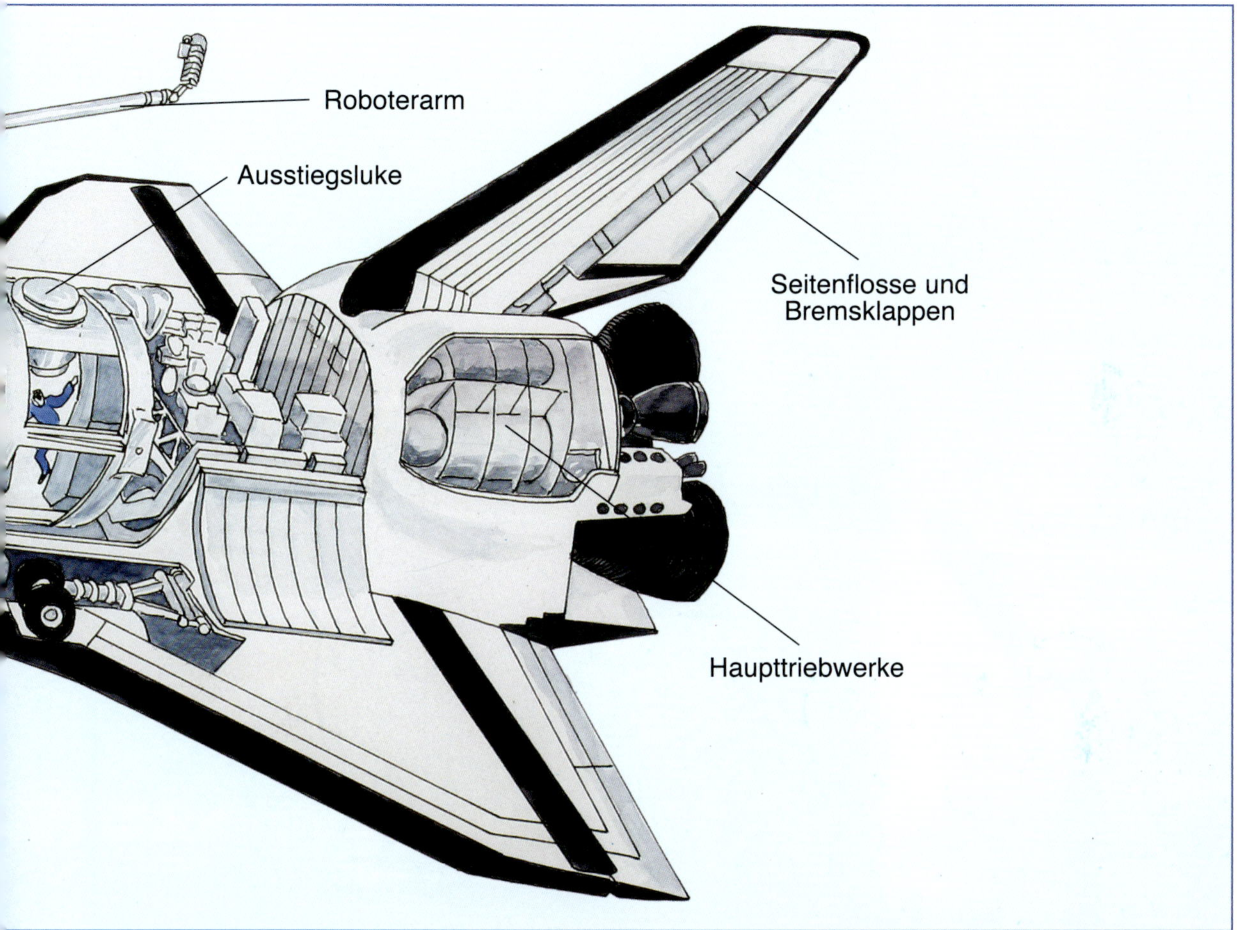

Die Ladebucht des Shuttles ist 18 Meter lang. Im Raumschiff können sieben Astronauten leben. Nach ungefähr einer Woche im All kehrt der Shuttle wie ein Flugzeug zur Erde zurück.

Nach dem Unfall des Shuttles Columbia 2003 hat man die Sicherheitsvorkehrungen weiter erhöht und 2006 die Flüge wieder aufgenommen.

Flug mit dem Space Shuttle

Der erste Space Shuttle flog 1981. Anders als frühere Raumschiffe konnte er wie ein Flugzeug zur Erde zurückkehren und immer wieder starten.

Der Space Shuttle startet auf dem Rücken des mit flüssigem Treibstoff gefüllten Außentanks. Die äußeren Feststoffraketen bringen den Shuttle ins All. Raketen und Tank werden nach dem Ausbrennen abgesprengt.

Vor der Rückkehr dreht sich der Space Shuttle gegen die Flugrichtung und zündet seine Raketenmotoren. Dadurch wird er stark abgebremst.

Bei der Landung ist der Space Shuttle noch 345 Stundenkilometer schnell. Er muss mit einem Fallschirm abgebremst werden. Die Landung erfolgt wie in einem Flugzeug automatisch oder von Hand.

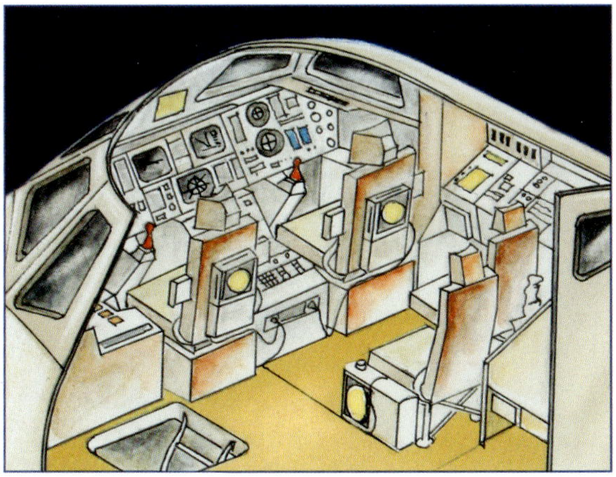

Das Cockpit des Space Shuttles hat ganz ähnliche Instrumente wie das eines Passagierjets.

In der Ladebucht des Shuttles finden Satelliten Platz. Man hievt sie mit dem Roboterarm ins All.

Ein Weltraumspaziergang

Ein Weltraumspaziergang ist harte Arbeit. Zuerst muss der Astronaut den Raumanzug anlegen und sich mit der Manövriereinheit MMU verbinden.

Die Manövriereinheit, auf englisch Manned Manoeuvring Unit (MMU), ist eine Art Raketenstuhl mit mehreren Düsen. Damit kann sich der Astronaut in jede Lage drehen und sich vom Raumschiff entfernen.

Den Sauerstoff zum Atmen trägt der Astronaut bei einem Weltraumspaziergang in einer Flasche auf dem Rücken. Sie reicht für ein paar Stunden.

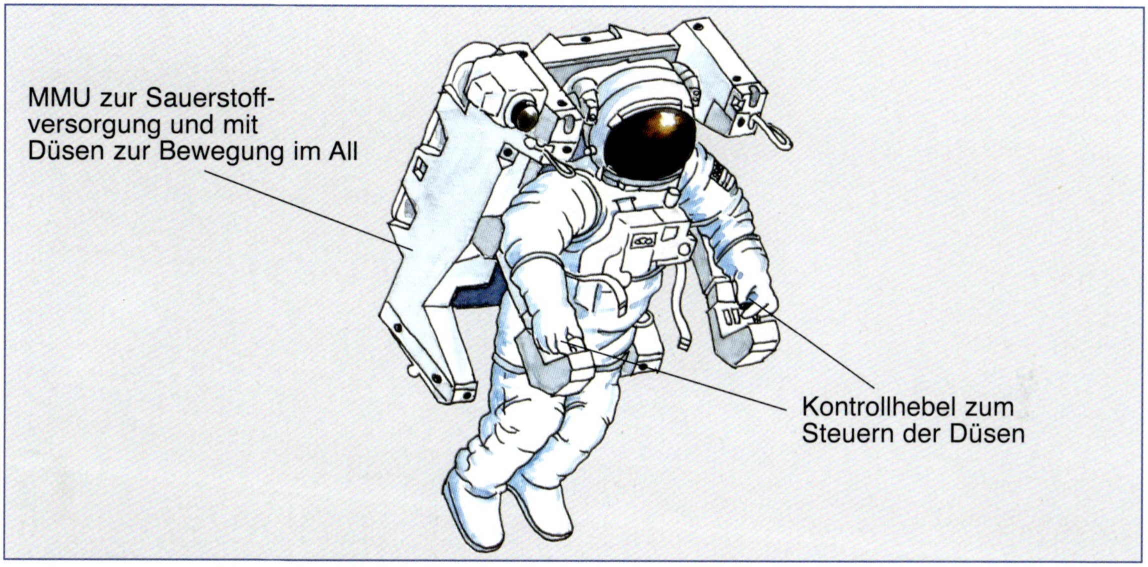

Mit beiden Händen steuert der Astronaut die Düsen der MMU. Er ist eine Zeit lang völlig unabhängig vom Raumschiff. Er darf sich aber nicht zu weit entfernen, sonst verschwindet er für ewig im All!

Der Tintenfisch bewegt sich wie ein Astronaut fort: durch Rückstoß. Er stößt Wasser nach hinten aus.

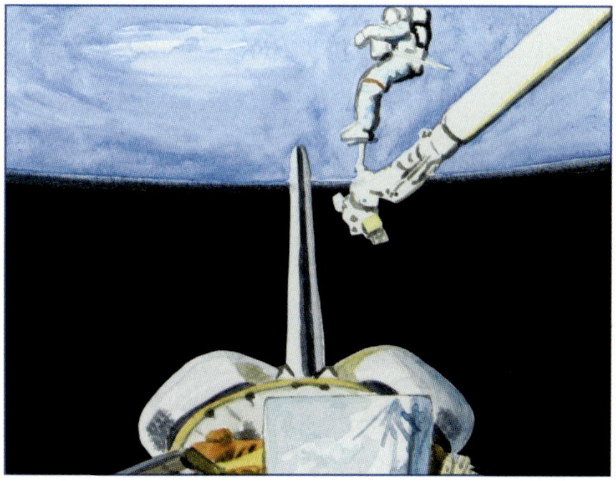

Ein Astronaut führt Arbeiten außen am Shuttle durch und hat sich dazu mit einem Fuß fest verankert.

Raumfahrt ist gefährlich. Trotz der ausgefeilten Technik kann etwas schief gehen. Es gab bisher nur wenige Unfälle, doch diese waren sehr schwer.

Am 28. Januar 1986 explodierte der Space Shuttle Challenger während des Starts. In der Nacht zuvor hatte es gefroren. Die Dichtung einer Feststoffrakete war kaputt. Eine Flamme trat aus und entzündete den Tank.

Wrackteile der Challenger verteilten sich in einem Umkreis von 200 Kilometern. Man fand nicht einmal die Hälfte aller Teile. Viele fielen ins Meer.

Am 1. Februar 2003 erhitzte sich der Space Shuttle Columbia beim Wiedereintritt in die Atmosphäre zu sehr. Beim Start waren einige Hitzekacheln beschädigt worden. Die Fähre wurde schließlich auseinander gerissen.

Fast alle bisherigen Unfälle geschahen beim Start oder bei der Landung. Eines fürchten die Astronauten immer: eine Kollision mit Weltraumschrott. Schon kleine Bruchstücke können große Schäden verursachen.

Moderne Raketen

Die größten Raketen erreichten 85 Meter Höhe und waren 2800 Tonnen schwer. Damit waren sie fast so groß wie die Freiheitsstatue in New York.

Die Russen fertigten ihre Raketen im Liegen und richteten sie erst vor dem Start auf. Die Amerikaner bauten einzelne Teile liegend, setzten sie dann aber senkrecht in hohen Hallen zusammen und fuhren sie zum Start.

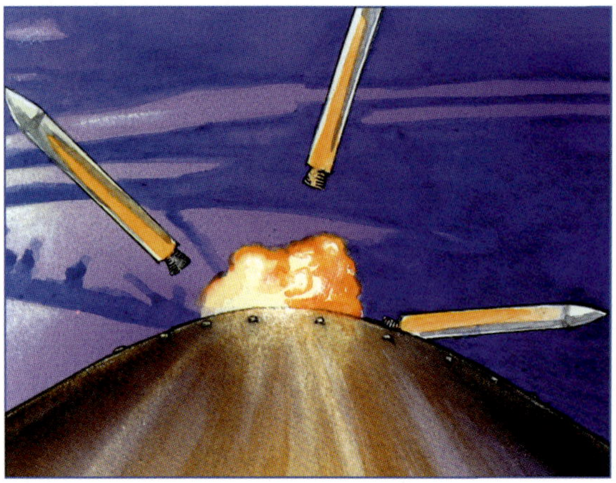

Feststoffraketen brennen feste Treibstoffe ab. Nach der Zündung kann man sie nicht wieder stoppen.

Redstone und Atlas hießen die ersten amerikanischen Raketen für Satelliten und Raumkapseln.

Auch die europäische Ariane 5 hat zwei Feststoffraketen. Sie transportiert oft Satelliten in den Weltraum.

Der Space Shuttle selbst ist eine Rakete. Er bezieht seine flüssigen Treibstoffe aus dem Außentank.

Satelliten

Satelliten kreisen auf festen Bahnen um die Erde. Durch die Reibung nähern sie sich aber langsam wieder der Erde und verglühen schließlich.

ROSAT ist ein flacher achteckiger Röntgensatellit. Er spürte Röntgenstrahlung aus dem Weltall auf.

Hipparcos sollte die Position und Bewegung von über 100 000 ausgesuchten Sternen vermessen.

ISO heißt Infrarot-Weltraumobservatorium. ISO nahm unsichtbare Infrarotstrahlung aus dem All wahr.

Telstar I hieß der erste Fernmeldesatellit. Er übertrug Ferngespräche zwischen Europa und Nordamerika.

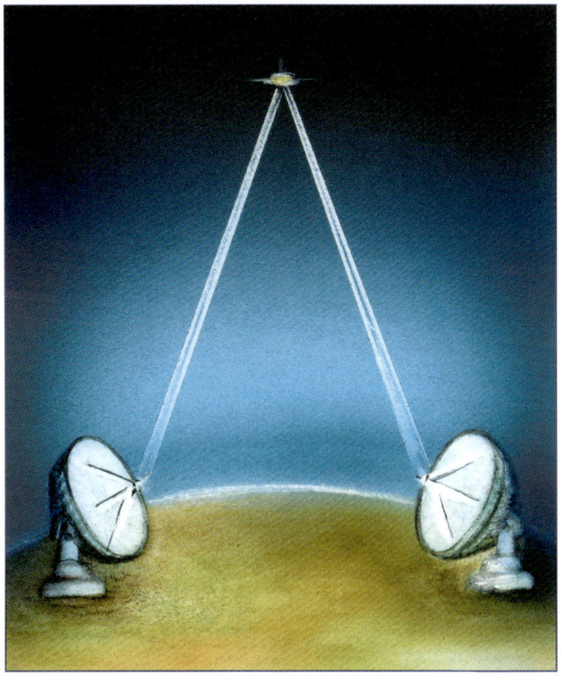

Die Organisation Intelsat sorgt für Telefon- und Fernsehverbindungen zwischen den Kontinenten.

Die Satelliten empfangen Signale von einer Bodenstation und leiten sie an eine zweite Station weiter.

Landsat hieß eine Reihe von Erderkundungssatelliten. Sie sandten ihre Messergebnisse zurück zur Erde.

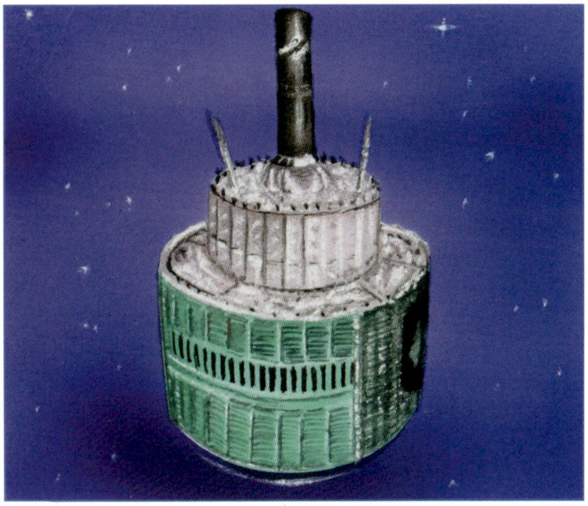

Meteosat heißen einige Wettersatelliten. Sie funken Wolkeninformationen an eine Bodenstation.

Sonden

Sonden verlassen das Schwerefeld der Erde und kehren nicht zurück. Man kann sie aber so steuern, dass ein anderer Planet sie einfängt.

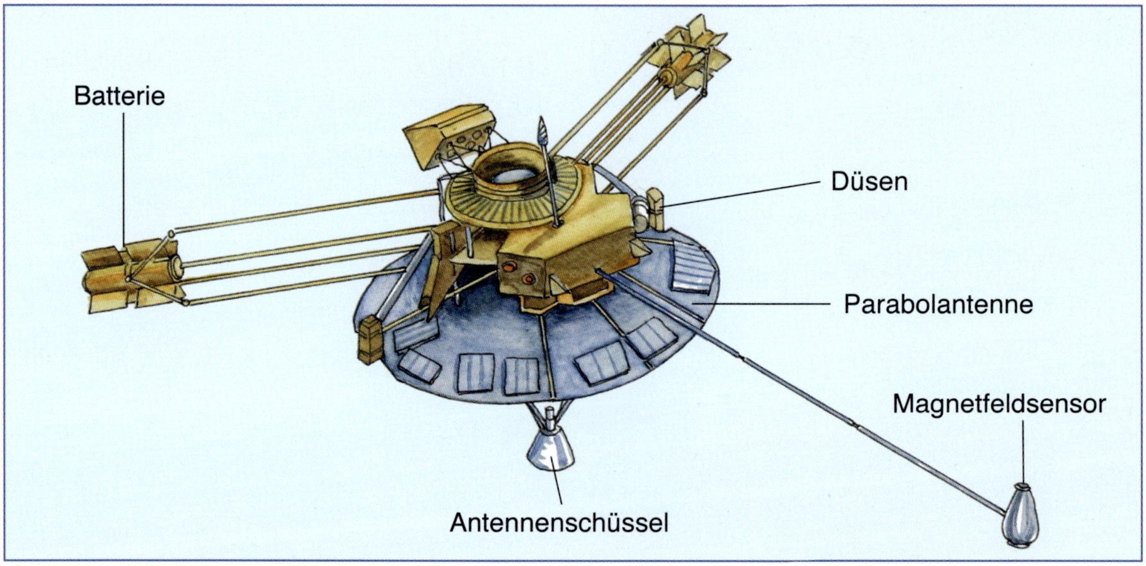

Die beiden Sonden Pioneer 10 und 11 wurden fast zur gleichen Zeit gestartet. Sie flogen sehr nahe an vielen Planeten vorbei und lieferten einmalige Informationen über sie.

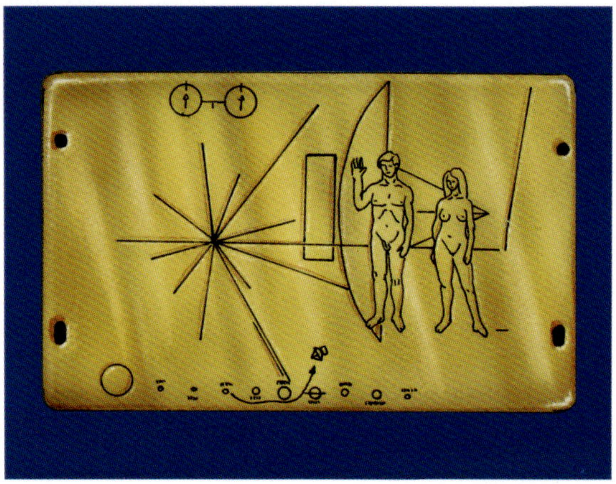

Pioneer 10 führt eine Plakette mit sich, die Außerirdischen über unsere Erde Auskunft geben soll.

Die Sonde Galileo durchquerte auf ihrem Weg zum Jupiter den Asteroidengürtel und machte viele Bilder.

Der Mars Climate Orbiter flog zum Mars, zerschellte aber wegen eines Rechenfehlers an der Oberfläche.

Voyager 1 und 2 besuchten die äußeren Gasplaneten, machten dort Bilder und lieferten viele Daten.

Jedes Teleskop auf der Erde hat Probleme: Die Luft ist nie ganz sauber. Auch die künstliche Beleuchtung nachts stört.

Ein Teleskop, das um die Erde kreist, hat diese Probleme nicht, weil es im All keine Lufthülle gibt. Darum baute man das Weltraumteleskop Hubble. Zuerst hatte es einen Fehler, den man in einer Shuttle-Mission reparierte.

Das Weltraumteleskop lieferte nach der Reparatur scharfe Bilder, etwa von dieser Spiralgalaxie.

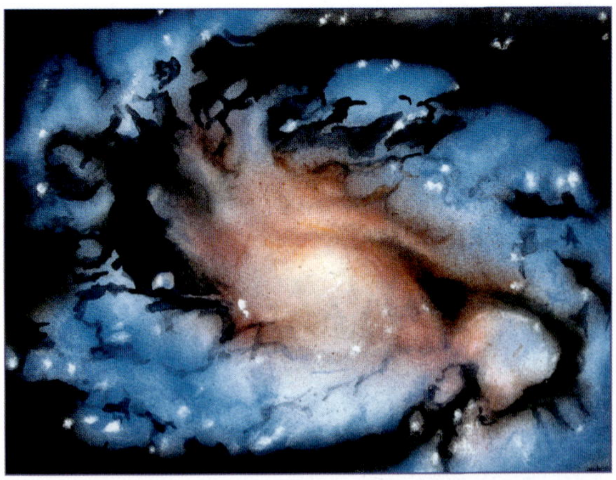

Das Weltraumteleskop kann fast alle Gestirne und Planeten aufnehmen wie dieses Sternsystem.

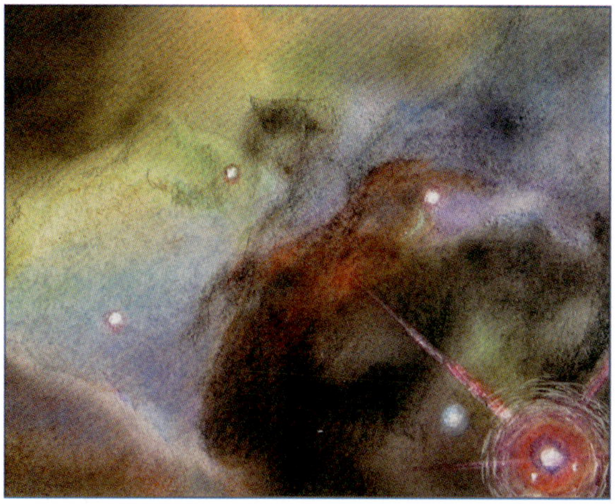

Im Lagunennebel, der rund 5000 Lichtjahre von uns entfernt ist, scheinen heftige Stürme zu toben.

Das Weltraumteleskop Hubble ist eine Röhre mit Solarzellenflügeln. Es sendet seine Daten zur Erde.

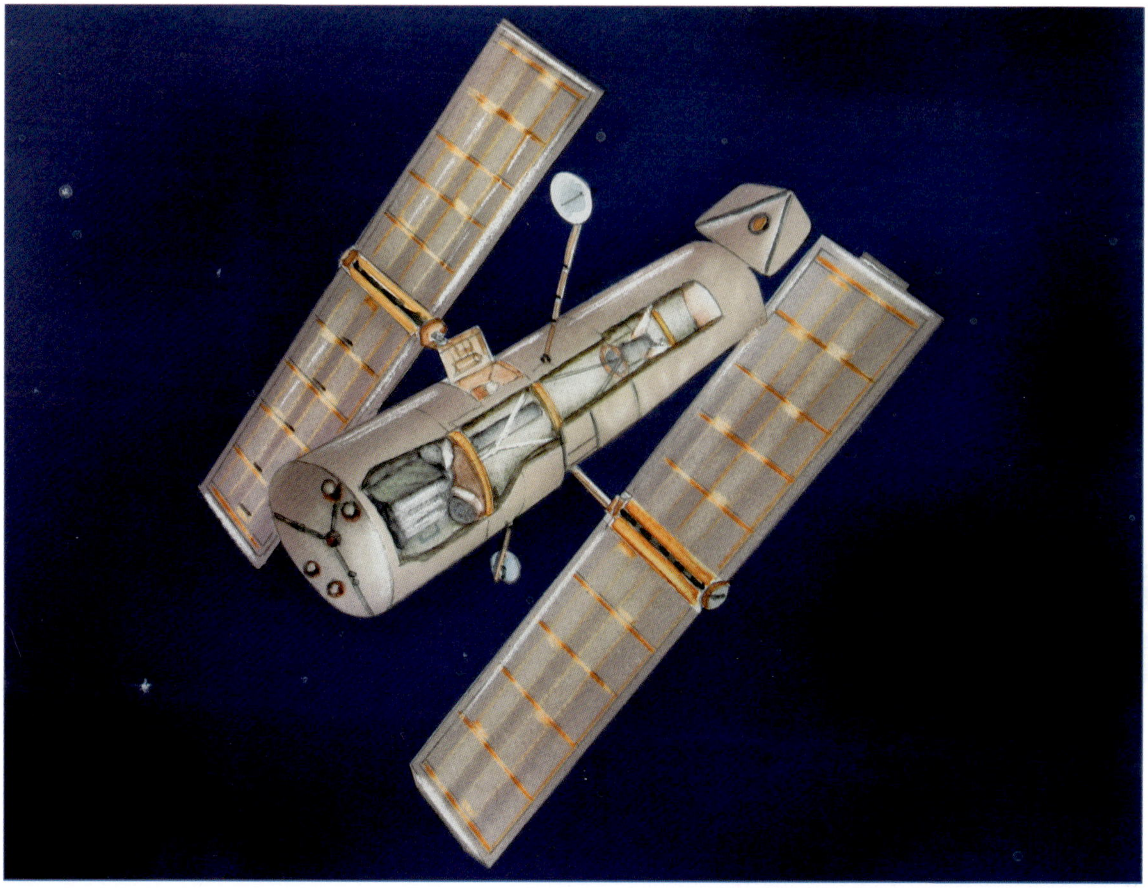

Internationale Weltraumstation

Beim Bau der internationalen Raumstation ISS arbeiten 16 verschiedene Länder zusammen. Seit 1998 wird an ihr gearbeitet.

Am Ende soll die ISS so aussehen. Die einzelnen Teile werden von den unterschiedlichen Ländern gefertigt und heißen Module. Auffällig sind die großen Sonnensegel. Sie produzieren aus Licht elektrischen Strom.

Die lange Bauzeit der ISS macht Probleme: Wenn die letzten Teile montiert sind, haben die ersten schon ein erhebliches Alter.

Dieses Labormodul lieferte Russland. Von den Amerikanern stammt der Wohnbereich. Für den Bau der ganzen Station sind 45 Versorgungsflüge vorgesehen. Sie können auch mit unbemannten Raumschiffen erfolgen.

Der amerikanische Astronaut Lee Morin arbeitet im All. Er schwebt 380 Kilometer über der Erde.

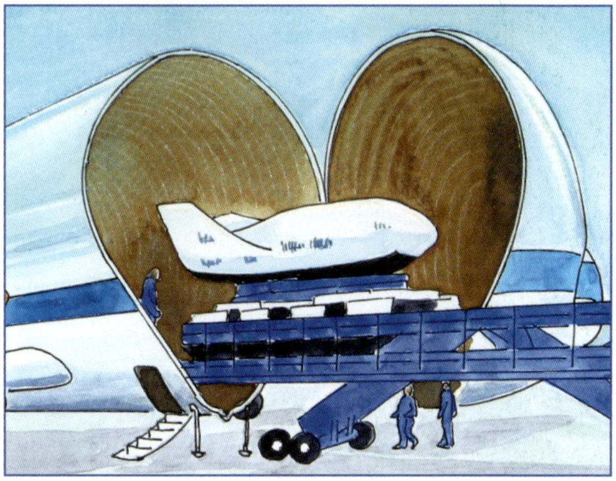

Als Rettungsschiff ist die X-38 geplant. Sie findet hier im Bauch des Riesentransporters Guppy Platz.

Die Entfernungen im Weltall sind unvorstellbar groß. Eine Reise zum Mars würde ein Jahr dauern und würde die Astronauten sehr stark belasten.

So werden vielleicht Landefähren auf dem Mars niedergehen. Die Amerikaner wollen diesen Planeten besuchen. Ob es jemals gelingt, weiß man nicht. Vielleicht hält der Mensch zwei Jahre im Raumschiff nicht durch.

Bei Ausflügen auf unserem Nachbarplaneten Mars müssten die Astronauten Raumanzüge tragen.

Für eine dauerhafte Station müsste man auf dem Mars Luft und Wasser aus Rohstoffen im Boden gewinnen.

Solche Bilder könnte es auch auf dem Mars geben: Astronauten hissen die Flaggen ihrer Länder.

Von der Erde brächte man einzelne Bauteile zum Mars, die dort zu einer Station zusammengebaut würden.

Science-Fiction

Seit jeher beschäftigt sich der Mensch mit der Frage, wie die Technik der Zukunft aussehen wird. Dies bezeichnet man als Science-Fiction.

Wie werden künftige Raumschiffe aussehen? Vielleicht wie fliegende Städte, damit ganz viele Menschen mitfliegen können. Dazu bräuchte man aber ganz neue Antriebsformen, die wir heute noch nicht einmal ahnen.

Die gesamte Science-Fiction rechnet damit, dass die Erde mindestens einige Nachbarplaneten mit Dauerkolonien besiedeln wird.

Auf den Asteroiden vermutet man große Rohstoffvorräte wie wertvolle Metalle. Vielleicht werden eines Tages ganze Flotten zu den Kleinplaneten aufbrechen, dort die Bodenschätze abbauen und zurück zur Erde bringen.

Eine ganz neue Entwicklung ist das Ionentriebwerk. Darin werden Atome beschleunigt und ausgestoßen.

Raumschiffe mit Sonnensegeln werden von den kleinsten Teilchen des Lichts angetrieben.

Leben auf anderen Planeten

Auch in anderen Sternsystemen gibt es Planeten. Auf manchen herrschen vielleicht Bedingungen wie auf der Erde. Gibt es also doch Leben im All?

Manche Menschen haben sich vorgestellt, dass sich Fledermäuse zu intelligenten Lebewesen weiterentwickeln. Fast immer haben solche Fantasiegestalten aber eine menschenähnliche Gestalt.

Hier hat der Maler ein Wesen aus einem Vogelkopf und einem Affenkörper zusammengesetzt.

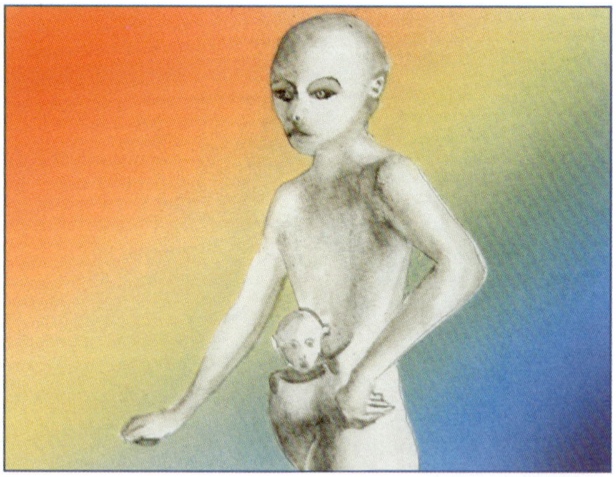

So stellt sich ein Künstler ein intelligentes Beuteltier vor. Niemand weiß, ob es solche Wesen gibt.

Vielleicht sehen Wesen auf anderen Planeten ähnlich wie unsere Reptilien aus?

Die Behausungen der Außerirdischen ähneln auf solchen Fantasiebildern oft Burgen der Menschen.

Stichwortverzeichnis

A

Apollo 30, 33, 93

Ariane 5 111

Armstrong, Neil 30

Asteroiden (Kleinplaneten, Planetoiden) 6, 7, 46, 50, 51, 114, 123

Astrologie 12, 80, 81

Atlas 110

Außerirdische 125

C

Cassini 43

Cassiopeia 71

Cepheiden 61

Challenger 108, 109

Charon 46

Columbia 103, 109

D

Deimos 38

Dinosaurier 23

Doppelsterne 60

E

Einstein, Albert 64, 65

Erde 6, 10, 18, 20–22, 24, 28, 36, 38, 45, 48, 49, 59, 64, 68, 72, 90, 94, 96, 97, 102–104, 112, 114, 119, 124

Erdgeschichte 22, 23

Europäische Südsternwarte 77

Explorer 6 91

F

Feststoffraketen 102, 104, 108, 110, 111

Fixsterne 5

Flaggen 82, 83

Flüssigkeitsrakete 89

G

Gagarin, Juri 93

Galaxien 4, 56, 57, 64, 68, 116

Galilei, Galileo 41, 74, 75

Galileo (Sonde) 50, 114

Gaspra 50

Gemini 93

Geos 91

Gezeiten 49

Giotto 53

Glenn, John 93

Goseck 86

Großer und Kleiner Wagen 68, 69

H

Halley, Edmund 53

Halleyscher Komet 53, 54, 78

Hawking, Stephen 63

Helios 14

Hermes 89

Herschel, Geschwister 75

Hipparcos 112

Hubble (Weltraumteleskop) 116, 117

Hubble, Edwin 57

Huygens 43

I

Intelsat 113

Internationale Weltraumstation 118, 119

Ionentriebwerk 123

Ischtar 34

ISO 112

J

Jupiter 6, 40, 41, 45, 50, 114

K

Katzenaugennebel 59

Kometen 6, 7, 46, 52, 53, 54

Kompass 21

Kopernikus, Nikolaus 4

Kreuz des Südens 72, 82

L

Lageos 90

Lagunennebel 117

Landsat 113

Leben auf anderen Planeten 124, 125

Lichtgeschwindigkeit 64

M

Manövriereinheit MMU 106, 107

Mars 6, 20, 36, 37, 50, 78, 115, 120, 121

Mars Climate Orbiter 115

Mars Express 37
Mars Rover 37
Mercury-Kapsel 93
Merkur 6, 16, 17
Meteoriten 22, 24, 25, 29
Meteosat 113
Milchstraße 4, 56, 57
Mira 61
Miranda 45
Mond 9, 26–35, 30–35, 49, 83

N

Near 50
Neptun 6, 40, 44, 45
Neutronensterne 58, 61, 63
Newton, Isaac 48, 74

O

Olympus Mons 36
Orion 70, 71
Orionnebel 71

P

Pallas 7
Pferdekopfnebel 71
Phobos 38
Pioneer 10 und 11 40, 114
Planetarien 78, 79
Planeten 5, 6, 12, 13, 16, 22, 27, 40, 42, 44, 46, 47, 51, 56, 78, 81, 114, 116, 120, 124, 125
Pluto 46, 47
Polarlichter 21
Polarstern 69
Protuberanzen 8
Pulsare 61

R

Raketen 88, 89, 110, 111
Raumanzug 94, 95, 101, 106, 120
Raumfahrt, künftige 120, 121
Raumschiff 63, 78, 79, 92, 94, 97, 98, 102–104, 106, 107, 120, 122, 123
Redstone 110
Relativitätstheorie 64, 65
ROSAT 112
Roter Riese 59

S

Satelliten 26, 90, 91, 105, 112, 113
Saturn 6, 40, 42, 43, 45
Saturn-Raketen 101
Schwarze Löcher 62, 63
Schwerelosigkeit 49, 97–98
Schwerkraft 28, 46, 48, 49
Science-Fiction 122, 123
Sirius 60
Skylab 100, 101
Solarzellen 11
Sonden 114, 115
Sonne 8–12, 14, 15, 18, 20, 22, 28, 29, 36, 45–50, 52, 56, 59, 64, 70, 83–86, 97
Sonnensegel 100, 118, 123
Sonnensystem 6, 7, 16, 44, 46
Sonnenwind 52
Space Shuttle 97, 102–105, 107, 108, 109, 111
Sputnik 90
Sternbild 12, 13, 66–68, 70–72
Sternschnuppen 24
Sternwarten 76, 77, 84
Südhimmel 72

T

Teleskope 57, 71, 74, 77, 116, 117
Telstar I 112
Tierkreiszeichen 12, 13, 70, 80
Titan 43

U

Uranus 6, 40, 44, 45
Urknall 22, 79

V

Valles Marineris 38
Venus 6, 18, 19, 20
Veränderliche Sterne 61
Voyager 1 und 2 42, 115

W

Weiße Zwerge 58
Weltraumspaziergang 106, 107
Wostok 1 92

Z

Zwergplaneten 6, 46, 47

Opa 2012

Text: Dr. Marcus Würmli
Illustrationen: Manuela Grimm und Ina Panzer für Atelier Piel, Miles Kelly Art Library, Michaela Werske
Umsetzung: Thema media GmbH, München
Gesamtherstellung: Schwager & Steinlein Verlag GmbH
www.schwager-steinlein-verlag.de